花式纸藤提篮编织教程

〔日〕古木明美 著

陈亚敏 译

河南科学技术出版社

·郑州·

目录

铁线莲竖长款提篮
彩图：**6、27**
制作方法：**67**
难易度：★★

铁线莲手拿包
彩图：**8**
制作方法：**76**
难易度：★★

瑞香花提篮
彩图：**9**
制作方法：**97**
难易度：★

白车轴草圆筒形提篮
彩图：**10**
制作方法：**74**
难易度：★★★

白车轴草收纳筐
彩图：**11**
制作方法：**70**
难易度：★★★

山茶花提篮
彩图：**13**
制作方法：**100**
难易度：★★

蔓蔷薇两用包
彩图：**14**
制作方法：**85**
难易度：★★

山月桂长方形提篮
彩图：**17**
制作方法：**49**
难易度：★★★

玫瑰花蕾长方形提篮
彩图：**18**
制作方法：**63**
难易度：★★★

关于作品的难易度

本书介绍的作品既有适合初学者的，也有稍微难点的。所有作品均标注了制作难易度，不妨作为参考。
★：简单易做，非常适合初学者。
★★：只要稍微花费点时间，按照制作方法进行制作，肯定没问题。
★★★：稍微有点难度，但是编织完成后的成就感足以让你去挑战。

蒲公英长方形提篮

彩图：**20**

制作方法：**59**

难易度：★★★

六边形网眼装饰提篮

彩图：**21**

制作方法：**57**

难易度：★★

蔓蔷薇长方形提篮

彩图：**22**

制作方法：**80**

难易度：★★

双花刺绣提篮

彩图：**23**

制作方法：**87**

难易度：★

水芭蕉提篮

彩图：**24**

制作方法：**91**

难易度：★★

花菱草提篮

彩图：**26**

制作方法：**94**

难易度：★★

草莓花饰品

彩图：**28**

制作方法：**102**

难易度：★

花毛茛饰品

彩图：**28**

制作方法：**103**

难易度：★

趣味十足的花式提篮 ┈┈ **4**

材料和工具 ┈┈ **30**

提篮编织的基础 ┈┈ **31**

基础编织方法和作品制作方法 ┈┈ **33**

趣味十足的花式提篮

可爱、实用的各种漂亮提篮，随身携带使用，会让人觉得开心不已。

使用各种各样的编织手法，使之呈现出花朵花样的花纹。

一行一行编织花纹

采用交错编织法或者绕芯编织法，随着编织行数的增加，逐渐凸显出花纹，编织过程让人非常期待。

用刺绣手法编织花纹

基础编织完成之后，用纸藤像刺绣一样编织出花纹。

花结编织花纹

一次使用3根编绳，制作小花花样的花结。多个小花连接到一起，构成提篮的主体，非常结实。

插入绳编织
花纹

基础编织完成之后，使用插入绳分别横、竖、斜着穿入、拉出，编织花纹。

做成花朵的
形状

受花朵漂亮、美观外形的启发设计而成的一款提篮。注意选择尺寸、形态时应首先考虑其是否便于使用。

这是一款竖长形提篮，可轻松放入 A4 文件夹。
提篮上方不编入花纹，给人一种沉稳平和的感觉。
随身携带，非常实用。

难易度	★★
制作方法	**p.67**
完成尺寸	约长28cm、宽5cm、高31.5cm（不含提手）

铁线莲竖长款提篮

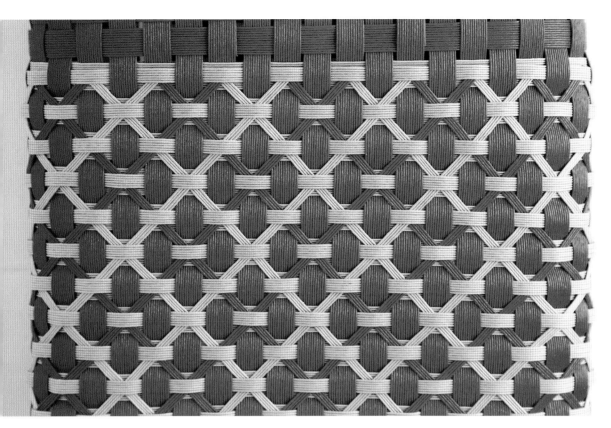

4个铁线莲花瓣花样组合而成的花纹，给人一种
北欧风印象。随着插入绳不断地穿入、拉出，逐
渐凸显出花纹，给人带来无限的乐趣和成就感。

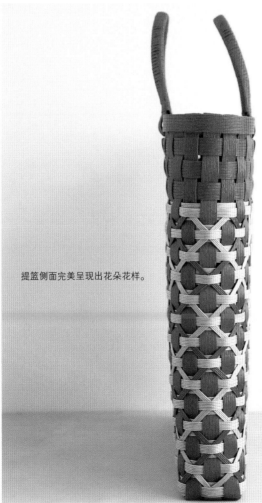

提篮侧面完美呈现出花朵花样。

铁线莲手拿包

包包的上下两侧都不编入花纹，这样
更能凸显包身花纹的美感。盖子一端
安装有磁铁吸扣，开合非常方便。

难易度 ★★

制作方法 **p.76**

完成尺寸

约长28cm、宽5cm、高16cm（不含盖子）

看似有点难，按照编织图只需穿入、拉出编绳即可，出乎意料地简单易制。提手处安装有圆环，便于提手立起、放下。

难易度	★
制作方法	**p.97**
完成尺寸	约长28.5cm、宽8.5cm、高29.5cm（不含提手）

瑞香花提篮

通过把编绳一行一行地缠绕到芯绳上的绕芯编织法，编织出白车轴草的花朵花样。圆筒形给人非常可爱的感觉。因为编织过程中编绳重叠编织，所以这款提篮非常结实。

难易度	★ ★ ★
制作方法	**p.74**
完成尺寸	约直径14cm、高17cm（不含提手）

白车轴草圆筒形提篮

减少 p.10 圆筒形提篮的编织行数，在上方边缘编织装饰花边。该款收纳筐引以为傲的亮点就是从内侧看也很美观。建议在制作圆筒形提篮之前，先尝试制作该款收纳筐。

难易度 ★ ★ ★

制作方法 **p.70**

完成尺寸 约直径14cm、高7cm（不含装饰花边）

白车轴草收纳筐

提篮侧面完美展现出4朵圆圆的山茶花。

配色改变，提篮给人的感觉也会随之而变，这是一款有个性的提篮。

采用 p.9 提篮编绳穿入、拉出的方法，
改变编绳的宽度进而改变花朵式样。
这是一款尺寸刚好适合日常使用的提篮。

难易度	★★
制作方法	**p.100**
完成尺寸	约长25cm、宽6.5cm、高25cm（不含提手）

山茶花提篮

该款包包编织时，提手做长一些，可斜挎，也可
手提。侧面做 V 形折叠，可使整体呈现出时尚的
梯形，男性也可使用。

难易度 ★★
制作方法 **p.85**
完成尺寸
约长19cm（开口处16.5cm）、宽7cm、高22.5cm（不含提手）

蔓蔷薇两用包

使用细绳编织时，稍微有点费功夫，
但是小小的花整齐排列，连接到一起，
那种可爱感让人心生愉悦。

提手处，
为了与主体花纹搭配协调而编入装饰花样。

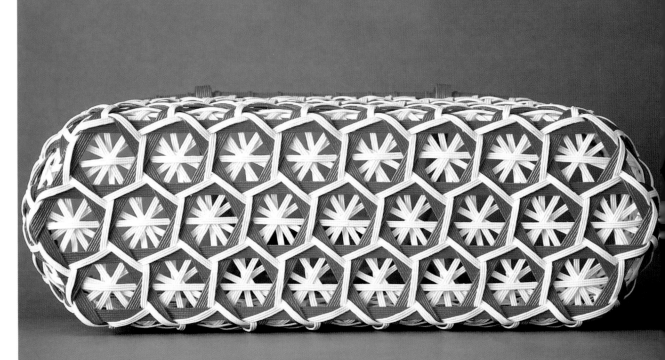

六边形网眼花样的提篮底部，通过穿入插入绳
编织出花朵花样，逐渐呈现出的花纹让人内心
愉悦至极。

这是一款非常华丽的提篮。花样宛如山月桂花一起绽放。因为穿入很多细编绳，所以提篮很结实、耐用。平时可提重一点的物品。

难易度	★★★
制作方法	**p.49**
完成尺寸	约长35cm、宽11cm、高16.5cm（不含提手）

山月桂长方形提篮

这款提篮给人一种变幻感，时而看起来像好多丝带系在上面，时而看起来又像六边形的装饰图案搭配组合在上面。仅仅改变配色，有的给人甜美的感觉，有的给人时尚高雅的感觉。

难易度	★★★
制作方法	**p.63**
完成尺寸	

约长35cm、宽11cm、高16.5cm（不含提手）

玫瑰花蕾长方形提篮

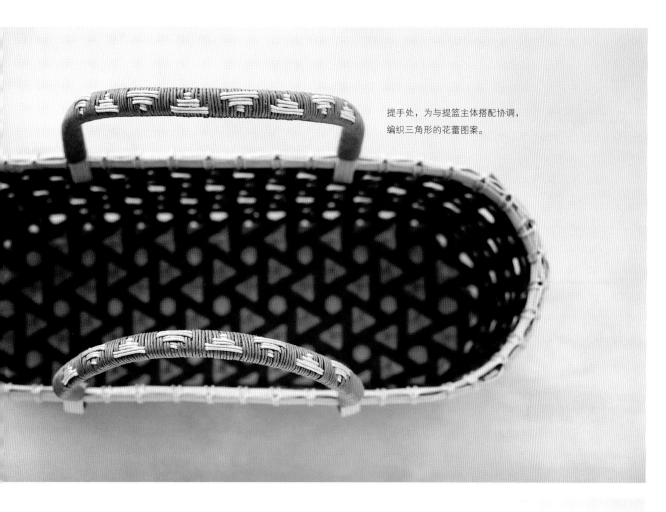

提手处，为与提篮主体搭配协调，
编织三角形的花蕾图案。

提篮侧面很宽，
可放入很多物品。

19

蒲公英长方形提篮

与 p.17 提篮编绳的穿入、拉出方向
正好相反，呈现出完全不一样的花朵
花样。花纹看起来既像蒲公英的果
实，也像棉絮。

难易度 ★★★

制作方法 p.59

完成尺寸

约长35cm、宽11cm、高16.5cm（不含提手）

这是在 p.16~20 提篮底部六边形网眼编织的基础上，不加入花朵花样编织而成的一款提篮。如果介意被人看到篮子里面的物品，可放入一块布用于遮挡。与此同时，也可根据其镂空的特点，作为收纳篮，或者放入带有插花的小瓶子等。用细绳编织而成，所以完工作品轻便，这也是其魅力所在。六边形网眼在编织时不太稳定，所以需要小心谨慎编织每一个小孔。

难易度　★ ★
制作方法　**p.57**
完成尺寸

约长33cm、宽11cm、高16cm（不含提手）

六边形网眼装饰提篮

蔓蔷薇长方形提篮

每一个编目都是用花结制作而成的，结实耐用，造型坚挺。可搭配现代服装，也可搭配传统服装。可轻松拿出、放入长款钱包。提手处采用圆形编织，手感非常好，易于握提。

难易度	★★
制作方法	**p.80**
完成尺寸	

约长26cm、宽9.5cm、高13.5cm（不含提手）

双花刺绣提篮

可用刺绣手法编织一朵花，也可编织很多花，让其看起来像一片花田一样，还可正面、背面用刺绣手法编织上相同的花。

在简单的基础编织上，用刺绣手法装饰上两种小花，安装上有水珠花纹的提手。宽宽的侧面使这款提篮的收纳力很强，拿出、放入物品也很方便。

难易度 ★

制作方法 **p.87**

完成尺寸

约长22.5cm、宽19cm、高18.5cm
（不含提手）

23

这款圆圆的、造型可爱的提篮，
形状宛如两朵水芭蕉相对摆放在一起。
编织时注意左右对称，慢慢编织下去。

难易度	★★
制作方法	**p.91**
完成尺寸	约长23cm（开口处）、宽17cm、高27cm

水芭蕉提篮

提手的设计宛如蝴蝶结一般。

编织边缘时采用交错编织法，既装饰了边缘，又起到加固的作用。

在采用基础编织方法的马歇尔提篮上面，

缠绕上花朵花样装饰带。

每隔一根竖绳用刺绣手法进行装饰性编织，

最后一个花样编织完成后，喜悦感会满满的。

难易度 ★★

制作方法 **p.94**

完成尺寸

约底部长 18.5cm、宽 18.5cm、高 20.5cm（不含提手）

花菱草提篮

把 p.6 提篮的配色稍作改变，花的形状就变得含蓄，给人的印象完全不同。若隐若现的花也是非常漂亮的。若想凸显花形，编织底部时，建议采用颜色稍深的编绳。

难易度	★★
制作方法	**p.67**
完成尺寸	

约长28cm、宽5cm、高31.5cm（不含提手）

铁线莲竖长款提篮
〔不同配色〕

使用剩余
纸藤制作

草莓花饰品

可根据个人喜好，调节花的开合度。花蕊和花瓣可任意挑选两种颜色组合，相应的协调感就出来了。

难易度 | ★
制作方法 | **p.102**
完成尺寸 | 花的直径2.5~3cm

花毛莨饰品

两种花瓣粘贴组合而成。即使一朵也很有感觉，也可制作多个组合成花环。

难易度 | ★
制作方法 | **p.103**
完成尺寸 | 花的直径约6cm

a. 点缀衣服

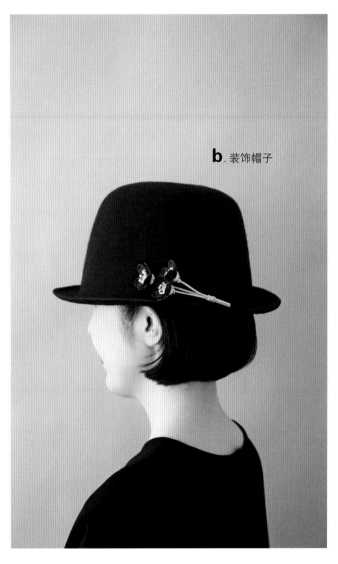

b. 装饰帽子

c. 装饰包包或者提篮

a. 剪短茎部，粘贴到胸针配件上，然后装饰 T 恤衫或短上衣，为其增添靓丽感。不会显得太华丽，但是可以带来纸藤这种独特材质才有的不寻常感觉。　**b**. 制作 3 朵花，然后归拢到一起。茎部稍微剪短一些，缝到帽子上。瞬间为色调简单的帽子增添了气韵，提升了女性的魅力。　**c**. 把茎部缠绕到提篮上即可。如果是布包，建议和 **a** 一样使用胸针配件进行固定。如果使用和提篮同色系的饰品，会有非常和谐的感觉。

材料和工具

接下来，介绍一些制作提篮时所需的材料和工具。

材料

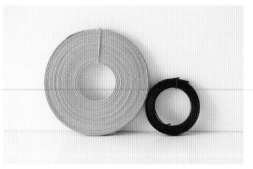

实物大小

12股宽

纸藤

纸藤是再生纸加工成的细纸，呈扁平状，通过黏合剂可以卷成卷。各种宽度的都有。本书用到的是用环保材料加工成的标准厚度的12股纸藤。每卷长度分别为5m、30m等。制作时注意，每个作品对材料的要求有所不同。

※ 在作品制作步骤中，裁剪的所需长度、分割开的纸藤通常被称为"编绳"

关于"需要准备的纸藤的股数和根数"和"平面裁剪图"

参照作品的"需要准备的纸藤的股数和根数""平面裁剪图"，裁剪、分割指定长度的纸藤。
平面裁剪图中的"⑥2股宽、长200cm×4根"，即准备4根长200cm的2股宽的纸藤。

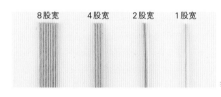

8股宽　4股宽　2股宽　1股宽

纸藤的宽度

[平面裁剪图]

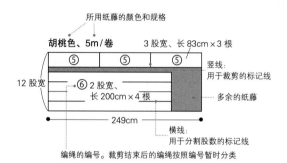

所用纸藤的颜色和规格

胡桃色、5m/卷　　3股宽、长83cm×3根

竖线：用于裁剪的标记线

12股宽　　⑥2股宽、长200cm×4根

多余的纸藤

249cm

横线：用于分割股数的标记线

编绳的编号。裁剪结束后的编绳按照编号暂时分类

各种工具

PP带

分割纸藤时使用，因为PP带属于消耗品，所以多准备几条5cm长的。DIY商店有成捆出售的。

遮蔽胶带

用于做标记或者捆扎编绳。一般文具商店就有出售。

黏合剂

用来粘贴编绳，晾干后呈透明状，速干性好。

双面胶

制作提篮底部时粘贴上，可防止编织错位。

晾晒夹

用来固定粘贴后或者编织时的编绳。准备10～20个。

一字螺丝刀、锥子

编织边缘时，可将一字螺丝刀插进编绳的叠压处，留出空隙，便于插入编绳。一字螺丝刀不方便操作的情况下，可使用锥子代替。

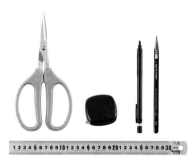

其他

可准备剪刀、卷尺、直尺、自动铅笔或者普通铅笔。

提篮编织的基础
下面总结了提篮的各种编织要点，建议在制作之前仔细阅读一下。

裁剪、分割纸藤

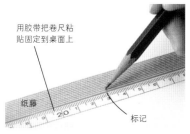

1 参照"需要准备的纸藤的股数和根数""平面裁剪图"，在所需纸藤长度的裁剪处做标记。

2 沿着标记用剪刀裁剪。

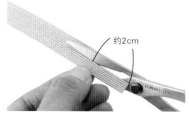

3 如图所示从剪开的纸藤的边缘向内数出所需股数，（如果需要6股，则在第6股与第7股之间的凹槽处）用剪刀剪出约2cm长的剪口。

4 把PP带垂直放入剪口里，一拉就可以分割开纸藤了。

5 把编绳按照编号用遮蔽胶带捆扎起来，并写上编号（参照"平面裁剪图"）。

捋平纸藤的卷痕

纸藤卷起的时候有卷痕，编织前用拇指和食指捏住，捋平后再编织。

编绳的连接方法

采用直编法时，有时需要同时用好几根编绳，为了隐藏编绳的连接处，一般在编织中途，把编绳如图所示对齐粘贴上。正在用的编绳末端如图所示放到竖绳的背面，裁掉多余的部分，然后把1根新编绳的一端如图所示与前1根竖绳对接，固定好。

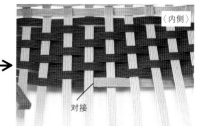

编绳的插入方法

用锥子或者一字螺丝刀插进编绳的叠压处，留出空隙，然后编绳就能很容易插入编目（本书用"编目"表示纸藤编织的基本单元，类似于"针目"）中。插入长编绳时，如图所示从相反方向插入一字螺丝刀进行编织。插入时，提篮的形状会稍微被破坏，用手轻轻调整一下就恢复了，所以用力插进去也没关系。

用晾晒夹固定编绳

用晾晒夹固定编绳，可防止编绳错位或松开。还可用于黏合剂晾干之前的固定。

捆扎编绳

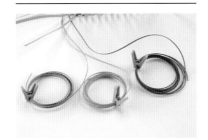

长编绳打成小圈，用晾晒夹固定。编织时，根据需要一点一点松开所需长度的编绳，非常方便。

黏合剂的涂抹方法

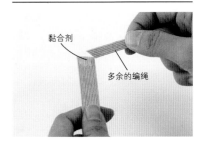

黏合剂

多余的编绳

当要把黏合剂均匀地、薄薄地涂到宽一点的编绳上时，不用刮刀，而用多余的编绳进行涂抹，会非常方便。

编绳连接错时

使用熨斗熨烫，使黏合剂熔化，然后揭开编绳再连接。连接前，一定要用湿布把之前的黏合剂擦拭干净，再涂上黏合剂重新连接。

使用编绳代替尺子

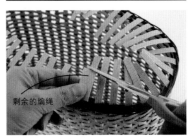

剩余的编绳

编织完成后，需要把一些竖绳裁剪成相同的长度，这时如图所示使用剩余的编绳代替尺子协助裁剪，非常方便。

均等分隔竖绳

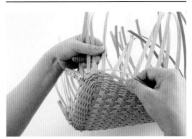

往上直接编织主体的小技巧，就是竖绳之间要保持一定的间隔。首先确认竖绳是否呈笔直状态，尤其要注意拐角处竖绳是否平行。

提前卷好边缘内用绳

边缘内用绳

把边缘内用绳粘贴到边缘内侧时，建议如图所示把边缘内用绳提前打卷，这样用起来比较方便，也容易粘贴。

收紧编目

编织结束再整理提篮形状就比较困难了，建议每编织几行后，就检查一下编绳之间的距离是否均匀，收紧一下编目，一边整理形状一边编织下去。

外扩的形状

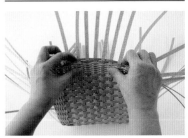

轻轻按压底部，使竖绳间隔加大，像朝外打开一般，再往下编织。

基础编织方法和作品制作方法

本书所使用的编织方法、底部和提手的制作方法，
在此提前整理总结，其实大部分编织方法都是相通的。
编织开始和编织结束部分也分别做了详细介绍。
建议编织之前仔细阅读，一定会对提篮编织有很大帮助。
※关于完成尺寸，除了有特殊要求之外，
长度和宽度一般指的都是底部尺寸

素编法

用1根编绳，在竖绳（竖起的编绳）的正面（正面编目）、背面（背面编目）交替编织，正面编织1次、背面编织1次，这是最基本的编织方法。直编法（p.39）也能编织出同样的花纹。

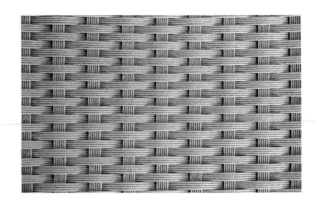

1 如图所示，和下面（或者底部边缘）的编目呈错位状态，背面、正面各编织1次，就这样依次交替编织下去。

2 编织结束处，重叠粘贴编绳，固定。

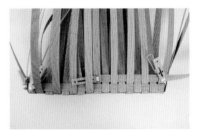

3 第2行和第1行的编目呈错位状态。第2行编织开始处和第1行错开。

扭编法

2根编绳交错，一根从另一根上面或者下面穿过，如图所示绕过竖绳，编织下去。一般可用于固定底部编织或者编织部分的转换等。

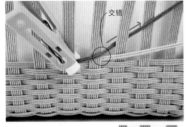

1 把上面的绿色编绳交错绕到灰色编绳上方，然后从竖绳的背面绕过拉出。

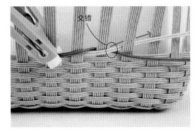

2 按照步骤**1**的编织方法，把灰色编绳交错绕到绿色编绳上方，然后从竖绳的背面绕过拉出。

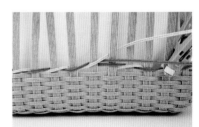

3 重复步骤**1**、**2**。注意编织过程中编绳不能扭转，看着同一侧编织。

棱纹编法

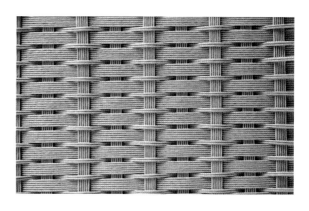

使用粗细不同的2根编绳进行编织。如果使用粗细相同的编绳进行编织，就和直编法（p.39）一样了。如果用粗细不同的编绳进行编织，编织花纹立刻就会发生变化。编绳的颜色、粗细和位置等不同，给编织花纹带来的改变也会大有不同。

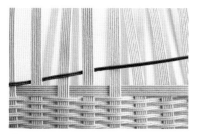

1 用下面的1根编绳进行素编（p.34）。

2 把上面的1根编绳和第1根编绳呈错位状穿过竖绳。

3 第2根像挑压着第1根一样，2根编绳呈错位状态，每一圈需要编织2行（图示为6行编织完的状态）。

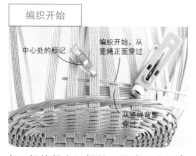

把2根编绳上下摆放，用晾晒夹固定到竖绳上。此时，编绳端头需要预留出长于1根竖绳宽度的长度。

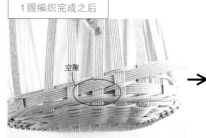
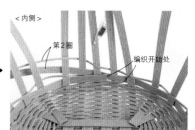

把编织开始处的编绳端头粘贴到编绳上，这样正好可以填补第1圈和第2圈之间的空隙。尤其是用粗编绳编织时非常容易出现空隙，为了提篮精美的外观，建议从正面边观察边调整编绳粘贴的位置。

3根绳编法

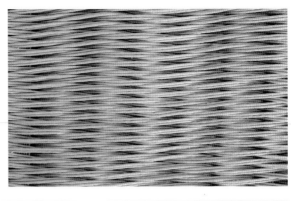

使用3根编绳编织花纹。由于看不见竖绳，这是可以很清晰地看出编织线条的一种制作方法。一般可用于使编织部分更坚韧，凸显美丽的编织线条，处理边缘，让编织部分饱满鼓起等。

※下述的编织开处是指在用直编法编织主体之后，接着用3根绳开始编织的地方。底部竖起时的编织参照p.40

编织开始

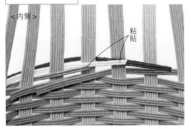

1 把3根编绳一根一根错开粘贴(或者固定)到竖绳上，然后把编绳从外侧拉出。

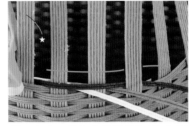

2 把左面的红色编绳从相邻2根竖绳的前面绕过，从第3根竖绳背面拉出。

3 把中间的白色编绳从相邻2根竖绳的前面绕过，放到另外2根编绳的上面，然后从第3根竖绳背面拉出。

4 把右面的粉红色编绳从相邻2根竖绳的前面绕过，放到另外2根编绳的上面，然后从第3根竖绳背面拉出。

5 重复步骤**2~4**。

6 编织第2行时，把中间的白色编绳从相邻2根竖绳的前面绕过，放到另外2根编绳的上面，然后从第3根竖绳背面拉出。

7 把左面的红色编绳从相邻2根竖绳的前面绕过，从第3根竖绳背面拉出。

8 把右面的粉红色编绳从相邻2根竖绳的前面绕过，放到另外2根编绳的上面，然后从第3根竖绳背面拉出。

9 接着把粉红色编绳从相邻2根竖绳的前面绕过，放到另外2根编绳的上面，然后从第3根竖绳背面拉出。按照左面的编绳、中间的编绳、右面的编绳的顺序依次重复下去，进行编织。

要点!
行与行的交界处按照步骤**6~9**进行编织，连接处看起来就会很平滑美观。

箭羽编法

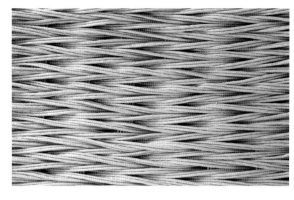

使用2行3根绳编法（p.36）组合成花纹的编织方法。只需要使第1行和第2行的编绳绕到竖绳上时的方向相反，一直编织下去即可。箭羽编法一般用于提篮的点缀，或用于底部竖起、边缘处理等。

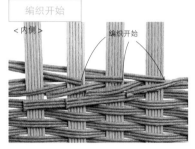

1 使用3根绳编法（p.36）编织1行。把第2行的3根编绳和第1行的编绳分别固定到同一根竖绳上。

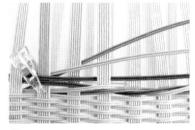

2 把3根编绳中左面的褐色编绳从相邻2根竖绳的前面绕过，放到另外2根编绳的下面，然后从第3根竖绳背面拉出。

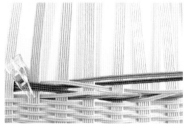

3 把中间的米色编绳从相邻2根竖绳的前面绕过，放到另外2根编绳的下面，从第3根竖绳背面拉出。

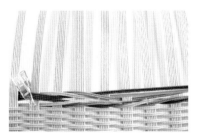

4 把右面的绿色编绳从相邻2根竖绳的前面绕过，放到另外2根编绳的下面，从第3根竖绳背面拉出。

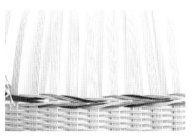

5 重复步骤**2** ~ **4**。

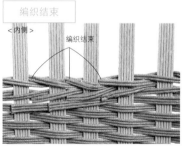

6 编织结束处，沿竖绳裁剪，与编织开始处的端头重叠粘贴。

六边形网眼编织

斜向平行摆放的编绳（斜绳）和横向平行摆放的编绳（横绳）交错组合，制作成六边形。底部编织完成之后，对齐粘贴角之前，把每个编目整理成正六边形。在收紧编目，整理好形状的情况下，即使往主体添加插入绳，编织出的花纹也会非常美观。

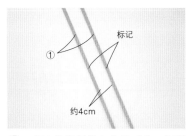

1 把2根①斜绳中心处对齐，间隔4cm，斜着摆放。

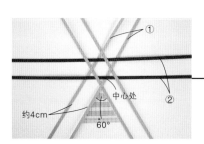

2 按照步骤**1**的方法，交错重叠摆放2根①斜绳。把2根②横绳穿过斜绳，整理出六边形。此时，使编绳的中心处对齐。

编织六边形网眼

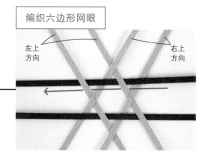

把横绳穿过所有朝左上方向插入的编绳的下面，所有朝右上方向插入的编绳的上面。

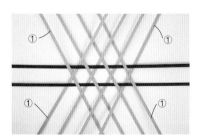

3 在步骤**2**中编绳的左侧，分别朝左上方向、右上方向各插入1根①斜绳。在步骤**2**中编绳的右侧，分别朝左上方向、右上方向各插入1根①斜绳。

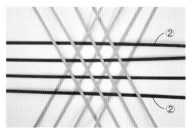

4 在步骤**3**中编绳的上下两侧各插入1根②横绳，编织成六边形网眼。

对齐粘贴之前

从中心处开始，把编绳往中心处收紧，把编目整理成正六边形。

5 按照步骤**3**的方法，在左右两侧分别插入6根①斜绳。每个编目都整理成六边形。对齐粘贴六边形的角。

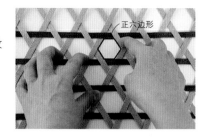

直编法

直编法和素编法的编织部分是一样的，使用2根编绳，用第1根编绳编织编目，然后用第2根编绳挑压着进行编织，使正面编目和背面编目呈相反状态。

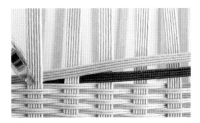

1 使用2根编绳编织，把竖绳夹在中间，先用褐色编绳进行素编（p.34）。

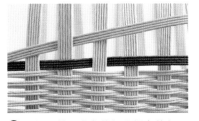

2 然后使用米色编绳和褐色编绳呈错位状态编织。

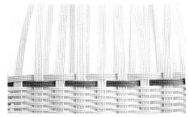

3 第2根像挑压着第1根一样，2根编绳呈错位状态，每一圈需要编织2行。

编织开始

把2根编绳错开粘贴到竖绳上，中间夹着指定的竖绳。第1行编织结束后，按照棱纹编法（p.35），把编织开始处的编绳端头粘贴到编绳的背面。

引返编织法

通过在左右两边的竖绳上进行引返编织，可改变编织部分的宽度、高度等。一般可用于圆形边缘编织，或改变提篮形状等。

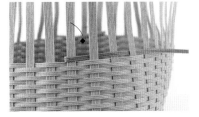

1 把编绳的一端如图所示折叠0.5cm，涂上黏合剂。粘贴到与中心竖绳相邻的竖绳（◆）的背面。

2 素编（p.34）到指定位置的竖绳（♥）处，然后绕过该竖绳之后折回，继续错位编织。

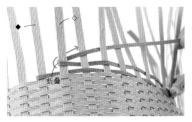

3 一直编织到前一行编织开始处的右边相邻的竖绳处，注意在编织过程中，和前一行编绳错开，穿绳方向正好相反。然后和步骤**2**一样，把编绳绕过指定竖绳（◇）之后折回，继续错位编织。

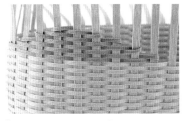

4 如图所示，在两端的竖绳上引返编织指定的行数。

编织结束

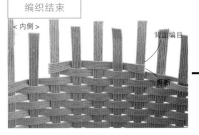

最后，当编绳绕到竖绳的背面时，结合竖绳的宽度，裁剪并粘贴固定编绳末端。

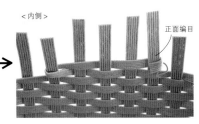

最后，当编绳绕到竖绳的正面时，折叠编绳并将其粘贴固定到竖绳的背面。

花结

使用3根编绳编织而成的小花样式。一般是朝向左边打结。

第1个

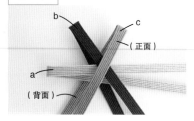

1 把a、b、c 3根编绳轻轻对折，呈V形。用b夹住a，进而用c夹住a、b。

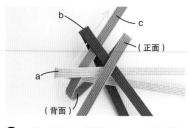

2 把c的下方编绳从a、b中间穿过。

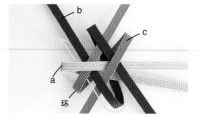

3 把b的下方编绳从c形成的环和a的中间穿过。

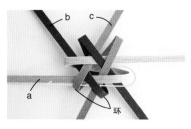

4 把a的下方编绳从b、c形成的环中穿过。

5 把所有编绳均匀拉紧。第1个花结编织完成。

第2个及以后

6 把a的左侧轻轻向后折叠。

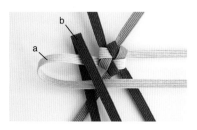

7 把新编绳b轻轻折叠后，夹住a。

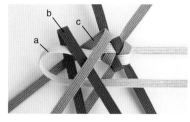

8 把新编绳c轻轻折叠后，夹住a、b。重复步骤**2~4**进行编织，并拉紧。

9 第2个花结编织完成。重复步骤**6~8**进行编织，并拉紧。编织第1行所需数量的花结。

第2行及以后

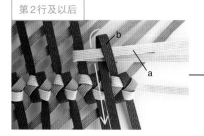

10 把新编绳a轻轻折叠。把b轻轻向后折叠，夹住a。

编结位置

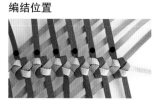

第1个花结的编结位置，是在前一行的结与结之间（● =2根编绳交错的位置）。

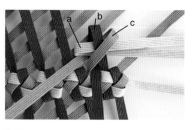

11 先把c拉到前面，然后向后折，夹住a、b。

12 重复步骤**2**~**4**进行编织，并拉紧。编织完成第2行的第1个花结。然后编织所需行数和每行所需数量的花结。

增加新编绳

□ 在主体中部等不太受力的位置增加新编绳

2根　1cm
沿内侧2根编绳的边缘剪断

把新编绳穿过2根编绳后插入内侧，再穿入内侧2根编绳，涂上黏合剂后裁掉。下方旧的编绳留出1cm后裁掉。

□ 在内折收边部分或边缘等受力位置增加新编绳

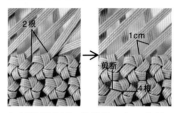

2根　　1cm　　剪断　　4根

把新编绳穿过2根编绳，穿入内侧，再翻至外侧，穿过4根编绳之后裁掉。下方旧的编绳留出1cm后裁掉。

| 编绳的折叠方法 | 按照制作方法，轻轻折叠。 |

□ 以前一个花结的编绳长度为准

折叠　　对齐

折后使上方的编绳对齐前一个花结的编绳。

折叠　　6cm或者8cm

折后使上方的编绳比前一个花结的编绳短6cm或者8cm。

□ 以前一行的编绳长度为准

折叠　　对齐

折后使上方的编绳对齐前一行的编绳。

| 花结之间、行与行之间尽量不留空隙 |

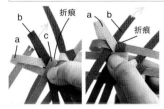

b　a　b　折痕
a　c　　　　折痕

1 用c夹住a、b，并拉紧，将c的折痕拉至b的边缘后按住，然后把c的下方编绳穿过a、b。同样，b的折痕拉至a的边缘，a的折痕拉至c的边缘，分别穿过编绳。最后把a拉到b处（为了和右边相邻编目之间没有空隙），穿过b、c。

a　b　c　★

2 为了使行与行之间不留空隙，用c夹住a、b，使★处的3根编绳呈平行状态，拉紧之后，穿入a、b。穿入a、b时，也按照上述方法操作。

4 根绳交错编织法（北欧编织法）

随处可见的北欧风格的提篮编织法，编绳交错组合，编绳之间空出2~3mm，收紧并整理其形状。整理形状时，喷点水会比较容易收紧。整理完之后，最好固定一下编绳，便于后续编织。

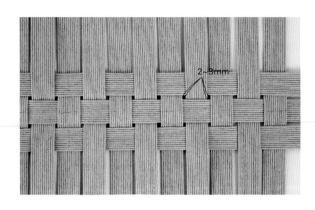

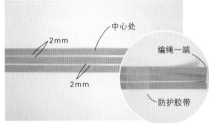

1 把3根横绳的中心处对齐，间隔2mm摆放。编绳的一端用防护胶带粘贴固定。

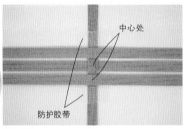

2 把1根竖绳穿过其中心处，上下分别用防护胶带固定。

※竖绳的中心处和横绳的上下中心处对齐

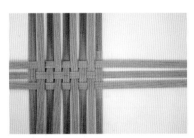

3 在步骤**2**中编绳的左侧交错穿入指定根数的竖绳。

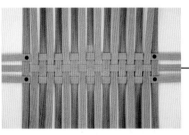

4 在步骤**2**中编绳的右侧交错穿入指定根数的竖绳。收紧编目整理其形状。四角（●）对齐粘贴。

收紧编目，整理形状
整体先用喷雾器稍微喷点水，从中心处开始，把编绳往中心处收紧，使编绳之间的空隙保持2~3mm即可。

编织开始和编织结束的处理方法

此处的处理方法基本上在所有编织方法中都可通用。在没有特别说明的情况下，一般在前后侧不明显的地方处理编织开始和编织结束的部分。

主体编织1行的情况

为了使编目美观整齐，需要处理好编织开始、编织结束时的编绳端头，根据需要采用对齐、粘贴、裁剪等方法。
这种方法也可用于改变编织花样，编织竖绳的末端等。

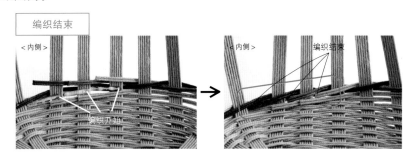

编绳为2根及以上时，一根一根错开，用晾晒夹固定到指定竖绳的背面。此时，编绳的端头与竖绳右侧的边缘对齐。

※上图为了展示清晰，没有用晾晒夹固定

1圈编织完成之后，在竖绳的左边一根一根进行裁剪，与编织开始处的端头重叠粘贴。

主体编织2行及以上的情况

与底部或者前一行的编绳对齐，再开始编织。
在编绳不容易固定的情况下采用这样的方法。

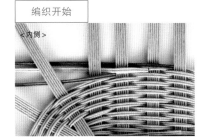

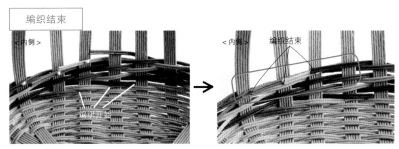

编绳为2根及以上时，一根一根错开，粘贴固定到指定竖绳的背面、底部，或者前一行的编绳上。此时，编绳的前端要与右边1根竖绳相接。

指定行数编织完成之后，把编绳对齐粘贴到编织开始处左边1根竖绳背面的编绳上。

基础部件的制作方法　接下来介绍很多作品中会用到的底部、提手的制作方法等。

编织底部

方形底部

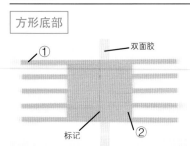

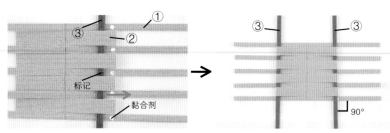

1 把双面胶粘贴到作业台上。然后把①横绳和②横绳交替摆放上去，使中心处在一条线上，注意不留空隙。

2 把1根③竖绳插入②横绳的下方。在①横绳的正面和②横绳的背面涂少量黏合剂，把竖绳的标记处和横绳的上下中心处对齐并粘贴固定。

注意竖绳和横绳呈90°，垂直交错摆放。另一侧也按照上述方法粘贴1根③竖绳。

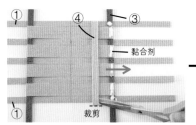

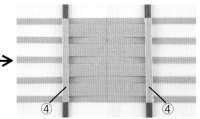

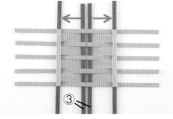

3 把1根④收尾绳与①横绳上下对齐，裁剪，然后将其粘贴到③竖绳上。

另一侧也按照上述方法粘贴1根④收尾绳。

4 把剩余的2根③竖绳和横绳交错，一起摆放到中心处（和步骤**2**放入的③竖绳错位摆放），然后左右分开。

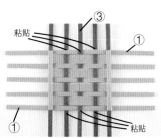

5 把最后1根③竖绳如图放入中间的位置。注意竖绳的间距要均匀。把①横绳和③竖绳对齐粘贴固定。方形底部编织完成。

※前面和方形底部的步骤 **1 ~ 5** 一样

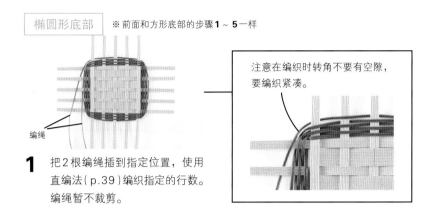

注意在编织时转角不要有空隙，
要编织紧凑。

编绳

1 把2根编绳插到指定位置，使用
直编法（p.39）编织指定的行数。
编绳暂不裁剪。

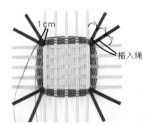

1cm

插入绳

2 如图所示，在插入绳一端1cm
处涂上黏合剂，然后在4个转角
（编绳的上方）分别均匀地粘贴
上2根插入绳，注意编绳的间距
要均匀。

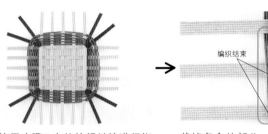

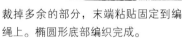

编织结束

3 使用步骤**1**中的编绳继续进行指
定行数的直编。插入绳部分也分
别依次交错编织进去。

裁掉多余的部分，末端粘贴固定到编
绳上。椭圆形底部编织完成。

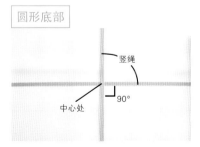

竖绳

中心处

90°

1 把2根竖绳十字交叉摆放。把
剩余的竖绳也按照同样的方法摆
放。一共制作4组这样的部件。

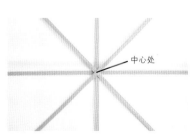

中心处

2 把2组十字交叉的编绳如图所示
摆放并粘贴固定，注意使编绳的
间距均匀。再制作1组这样的部
件。

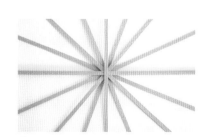

3 把2组十字交叉的编绳如图所示
摆放并粘贴固定，也要注意使编
绳的间距均匀。

编绳

4 在相邻的2根竖绳上涂上黏合剂，分别粘贴1根编绳。其中1根粘贴到最上方的竖绳上，在该竖绳的顶端贴上遮蔽胶带（参照步骤**6**），标记为编织开始处。

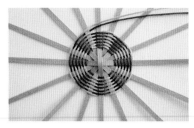

5 使用直编法（p.39）编织指定行数，编绳暂不裁剪。

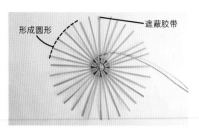

形成圆形   遮蔽胶带

6 在插入绳背面涂上黏合剂，将其插到竖绳之间的空隙里。此时，竖绳和插入绳外侧顶端连在一起，就会形成圆形。

7 把1根褐色编绳折至内侧，从左边相邻的插入绳的上方（右图★处）拉出。

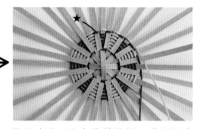

使用步骤**5**的未裁剪编绳，进行指定行数的直编。

编织结束

8 裁掉编绳多余的部分，末端粘贴到竖绳上。圆形底部编织完成。

竖起编绳　※竖起的编绳称为"竖绳"

■直立竖起

底部内侧

相对于提篮底部而言，尽量垂直竖起。借助尺子使四周的编绳直立竖起。

■弧形竖起

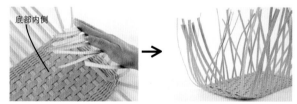

底部内侧

用手掌按压，使编绳朝内侧有弧度地竖起。

制作提手

提手A 提手制作完成之后，安装到提篮上。　※不用圆环的作品，可直接跳过圆环的步骤进行制作

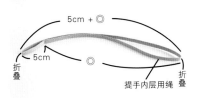

1 如图所示在提手内层用绳的两处进行折叠。

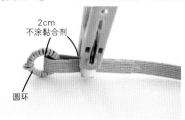

2 在提手内层用绳一端5cm处穿一个圆环（p.48），然后粘贴。

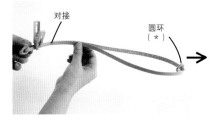

3 另一端再穿上一个圆环，把编绳两端对接上，用黏合剂粘贴。

4 折叠提手外层用绳的一端。

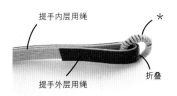

5 把提手外层用绳一端5cm长穿过步骤 **3** 中的圆环（＊），粘贴到提手内层用绳上。

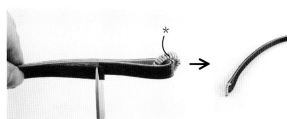

6 把提手外层用绳的背面都涂上黏合剂，覆盖提手内层用绳并粘贴。

编绳的两端对接后，裁掉多余的部分。

7 把提手缠绕绳和提手的中心处对齐，朝向一端紧紧地缠绕下去。

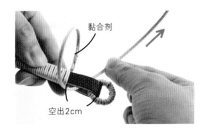

8 缠绕结束后，在提手缠绕绳的背面涂上黏合剂，然后从提手一端穿圆环的位置穿过。

9 拉紧提手缠绕绳的同时，在提手处裁剪。然后用锥子把提手缠绕绳的末端插入提手里面。

10 另一半也按照步骤 **7 ～ 9** 进行编织。

把编绳穿到提篮上，直接制作提手。

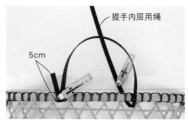

1 折叠提手内层用绳和提手外层用绳（参照p.47步骤**1**、**4**）。

2 把提手内层用绳的两端从提篮外侧指定的位置穿入，从内侧拉出。

3 提篮边缘1cm处以上，将提手内层用绳的背面全部涂上黏合剂，两端对接，粘贴固定。

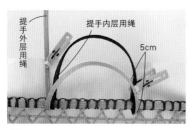

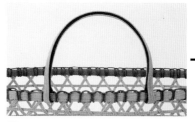

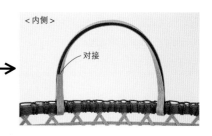

4 按照步骤**2**的方法，把提手外层用绳从外向内穿到提篮相同的位置上。

5 将提手外层用绳的背面全部涂上黏合剂，把提手内层用绳夹到中间，对齐粘贴固定（参照p.47步骤**6**）。

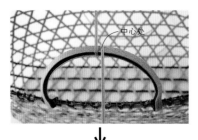

6 把提手缠绕绳紧紧地缠绕到提手上（参照p.47步骤**7～10**）。

圆环

1 把圆环编绳缠绕到直径1.5～2cm的棒状物上。

2 把圆环编绳两端相对，缠绕2圈（裁掉多余的部分），粘贴做成圆形。

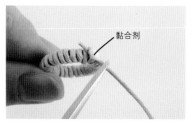

3 把圆环缠绕绳的中心和圆环编绳两端对接处的对侧对齐，半圈半圈地紧紧缠绕。

4 缠绕结束后，先打一次结，在打结处涂上黏合剂，然后裁掉多余的部分。

山月桂长方形提篮 彩图：**p.17**

■材料

纸藤
（红色 B）30m/卷…1卷
（白色）30m/卷…1卷

■完成尺寸

约长35cm、宽11cm、高16.5cm
（不含提手）

■需要准备的纸藤的股数和根数　※ 指定以外的颜色为红色B

① 斜绳　6股宽 长60cm 20根
② 横绳　6股宽 长78cm 4根
③ 编绳　6股宽 长90cm 5根
④ 插入绳　3股宽 长100cm 22根（白色）
⑤ 插入绳　3股宽 长58cm 15根（白色）
⑥ 插入绳　3股宽 长96cm 2根（白色）
⑦ 插入绳　3股宽 长68cm 18根（白色）
⑧ 插入绳　3股宽 长86cm 3根（白色）
⑨ 插入绳　3股宽 长86cm 6根（白色）
⑩ 插入绳　3股宽 长24cm 6根（白色）

⑪ 插入绳　3股宽 长28cm 6根（白色）
⑫ 插入绳　3股宽 长92cm 5根（白色）
⑬ 边缘外用绳　12股宽 长92cm 1根
⑭ 边缘内用绳　12股宽 长90cm 1根
⑮ 边缘锁边绳　1股宽 长280cm 2根
⑯ 提手内层用绳　8股宽 长69cm 2根
⑰ 提手外层用绳　8股宽 长70cm 2根
⑱ 提手缠绕绳　2股宽 长340cm 2根
⑲ 提手装饰绳　2股宽 长30cm 6根（白色）

■平面裁剪图　多余的部分＝　　

参照平面裁剪图，裁剪、分割指定长度的纸藤。在①、②、④~⑨、⑱、⑲的中心处做标记。>参照p.31裁剪、分割纸藤

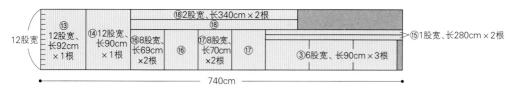

山月桂长方形提篮/（红色 B）30m/卷
p.20蒲公英长方形提篮/（灰色）30m/卷

山月桂长方形提篮/（白色）30m/卷
p.20蒲公英长方形提篮/（淡粉色）30m/卷

◇编织底部

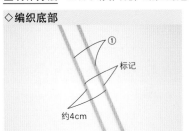

1 把2根①斜绳的中心标记对齐，间隔约4cm摆放。

> 参照 p.38 六边形网眼编织

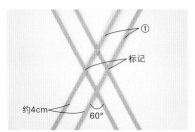

2 按照步骤**1**的方法，与步骤**1**的编绳呈60°，参照右侧纸样交叉摆放2根①斜绳。

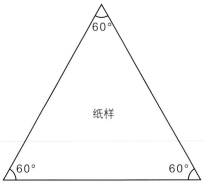

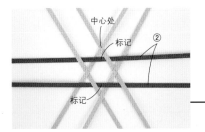

3 穿入2根②横绳，编织六边形。此时，横绳的中心处和步骤**2**的编绳的中心处对齐。

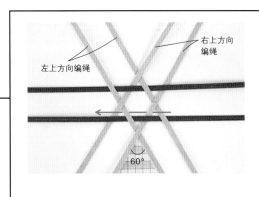

· 如图所示把纸样放上去，保持60°，编织时，必须把每根编绳往内侧压紧，整理其形状。

· 编织六边形网眼时，把横绳从所有朝左上方向插入的编绳的下面、所有朝右上方向插入的编绳的上面穿过。

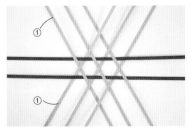

4 在步骤**3**中编绳的左侧，分别朝左上方向、右上方向各穿过1根①斜绳。

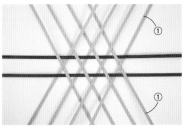

5 在步骤**3**中编绳的右侧，分别朝左上方向、右上方向各穿过1根①斜绳。

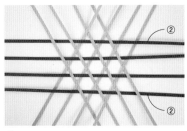

6 在步骤**5**中编绳的上下两侧各穿过1根②横绳，编织六边形网眼。

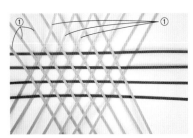

7 参照步骤**4**，在左侧分别朝左上方向、右上方向各穿过3根①斜绳。

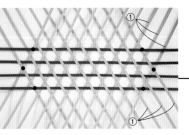

8 参照步骤**5**，在右侧分别朝左上方向、右上方向各穿过3根①斜绳。对齐粘贴六边形的角（●）。底部编织完成。

要点！

对齐粘贴之前

从中心处开始，把编绳往中心处收紧，整理成正六边形。

◇编织主体

9 使四周的编绳一根一根直立竖起。
> 参照 p.46 竖起编绳

③

10 插入1根③编绳，编织六边形网眼，一直编织到转角处。

五边形

11 第1行的转角是五边形网眼。

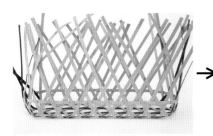

12 编织一圈，6个转角均为五边形网眼。

重叠粘贴

端头处重叠粘贴。如果正面可以看见编绳端头，就裁掉端头，调整并粘贴固定。

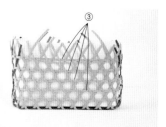
③

六边形

13 重复步骤**10~12**，用4根③编绳编织4行。5行编织完成。
要点！
第2行及以后的转角是六边形网眼。

14 把要包裹边缘的竖绳往内外两侧依次交替折叠。

0.7cm

15 竖绳顶端留出0.7cm后，裁掉多余的部分。

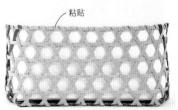
粘贴

16 把包裹着边缘的竖绳粘贴固定。提篮主体编织完成。

◇插入绳穿过底部

※ ④~⑦插入绳中心处和底部中心处对齐，插入绳穿过底部
※ 如若看不清楚作品制作图，可参照p.53插入绳穿过底部后的状态

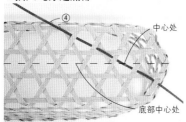
④
中心处
底部中心处

17 把1根④插入绳（红色）朝左上方向穿过。

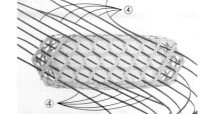
④
④

18 把10根④插入绳（红色）朝左上方向穿过。

要点！
为了最后方便处理，涂黏合剂时只涂抹预留出的0.7cm。

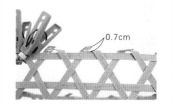
0.7cm

51

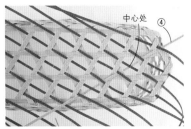

19 参照步骤**17**的方法，把1根④插入绳（浅蓝色）朝右上方向穿过。

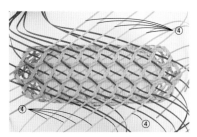

20 把10根④插入绳（浅蓝色）朝右上方向穿过。

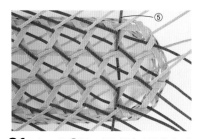

21 把1根⑤插入绳（褐色）竖着穿过。

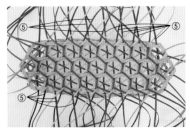

22 把14根⑤插入绳（褐色）竖着穿过。

※穿绳方法可参照步骤**23**的右侧彩图

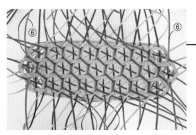

23 把2根⑥插入绳（绿色）在两端分别竖着穿过。

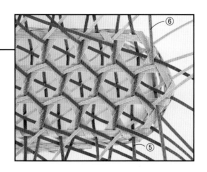

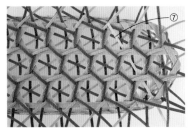

24 把1根⑦插入绳（灰色）朝左上方向穿过。

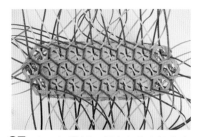

25 把8根⑦插入绳（灰色）朝左上方向穿过。

※穿绳方法可参照p.53插入绳穿过底部后的状态

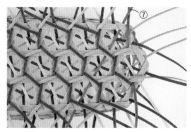

26 把1根⑦插入绳（浅褐色）朝右上方向穿过。

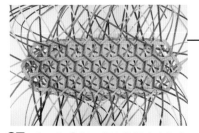

27 把8根⑦插入绳（浅褐色）朝右上方向穿过。

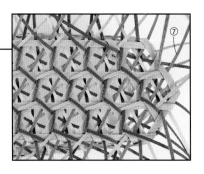

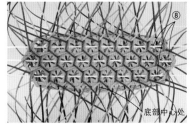

28 把3根⑧插入绳（白色）横着穿过。

※底部中心处和⑧插入绳的中心处对齐
※穿绳方法可参照p.53插入绳穿过底部后的状态

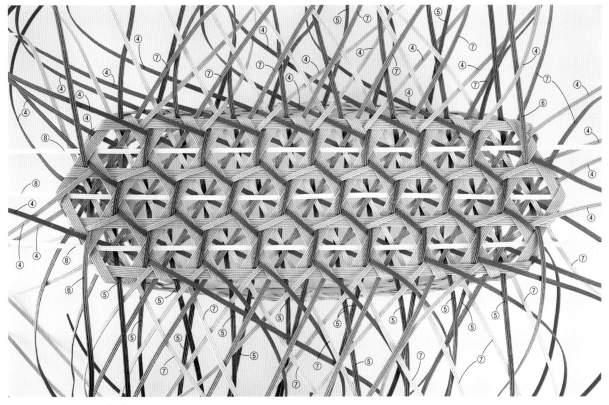

插入绳穿过底部后的状态 ※建议各插入绳的顶端粘贴上写有编号的遮蔽胶带，便于步骤**29**及以后的编织

◇**插入绳穿过主体**

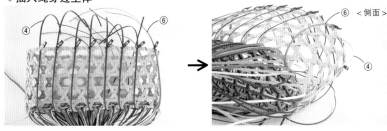

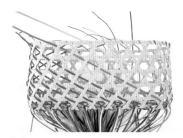

29 挑选底部朝左上方向穿过的前侧
7根④插入绳，竖着穿过的1根
⑥插入绳，朝右上方向穿过的转
角处1根④插入绳。

30 均朝左上方向穿过。相反一侧也
按照步骤**29**、**30**的方法制作。

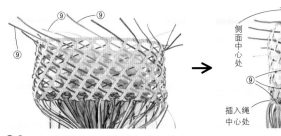

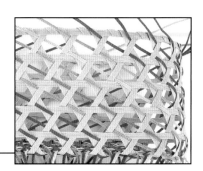

31 把3根⑨插入绳（粉红色）朝左
上方向穿过。相反一侧也如此。

※⑨插入绳的中心处和底部六边形的角对
齐

 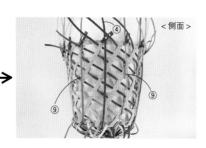

32 挑选底部朝右上方向穿过的前侧7根④插入绳，竖着穿过的1根⑥插入绳，步骤**31**中穿过的3根⑨插入绳，朝左上方向穿过的转角处1根④插入绳。

33 均朝右上方向穿过。相反一侧也按照步骤**32**、**33**的方法制作。

※从底部穿过的时候，从步骤**30**中编绳的下方穿过

※穿绳方法可参照步骤**35**的右侧彩图

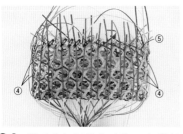 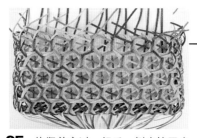 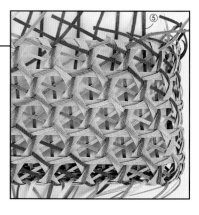

34 挑选底部竖着穿过的15根⑤插入绳，朝左上方向穿过的侧面3根④插入绳，朝右上方向穿过的侧面3根④插入绳。

35 均竖着穿过。相反一侧也按照步骤**34**、**35**的方法制作。

※⑤插入绳的穿绳方法参照右图，④插入绳的穿绳方法参照步骤**36**的右侧彩图

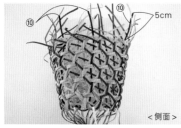 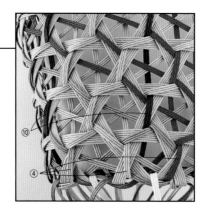 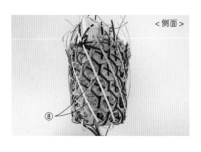

36 把3根⑩插入绳（藏青色）穿过侧面。然后把超出边缘的5cm插入底部内侧。相反一侧也如此。

37 挑选底部朝左上方向穿过的前侧8根⑦插入绳，朝右上方向穿过的侧面1根⑦插入绳，横着穿过的2根⑧插入绳。

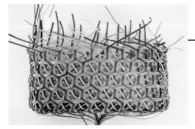 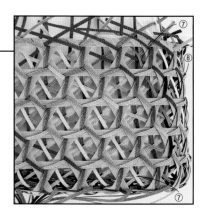

38 均朝左上方向穿过。相反一侧也按照步骤**37**、**38**的方法制作。

※步骤**38~42**的编绳不穿过提篮主体，只穿过插入绳的上方

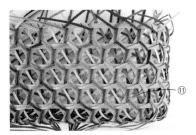

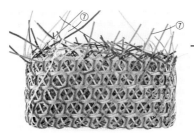

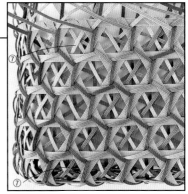

39 把1根⑪插入绳（芥末色）朝左上方向穿过。然后把超出边缘的5cm插入底部内侧。相反一侧也如此。

※穿绳方法参照步骤**42**的右侧彩图

40 挑选底部朝右上方向穿过的前侧8根⑦插入绳，横着穿过的1根⑧插入绳，朝左上方向穿过的侧面1根⑦插入绳。然后均朝右上方向穿过。相反一侧也如此。

※⑧插入绳的穿绳方法参照步骤**41**

※编绳穿过的状态

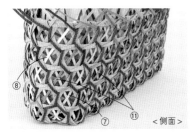

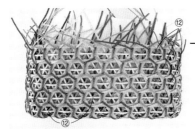

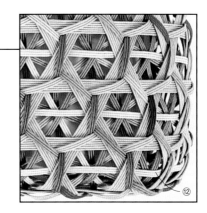

41 把2根⑪插入绳（芥末色）朝右上方向穿过。然后把超出边缘的5cm插入底部内侧。相反一侧也如此。

※穿绳方法参照步骤**39**

42 把5根⑫插入绳（米色）横着穿一圈。两端重叠1.5cm，对齐粘贴，裁掉多余的部分。

43 在提手安装位置的⑤插入绳上粘贴遮蔽胶带，做上标记。相反一侧也如此。

44 把步骤**43**中标记的编绳绕过边缘处交叉的2根插入绳，往内侧折叠，裁掉多余的部分。

粘贴编绳端头。

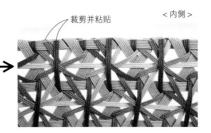

45 边缘处的插入绳与边缘对齐，裁剪并粘贴。

46 底部内侧的编绳端头留出1cm之后裁剪并粘贴。

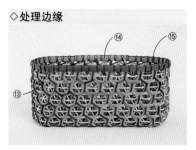

47 参照p.57处理边缘的方法，安上⑬边缘外用绳、⑭边缘内用绳，用⑮边缘锁边绳处理边缘。

◇安装提手

48 参照p.59安装提手的方法，安上⑯提手内层用绳、⑰提手外层用绳。

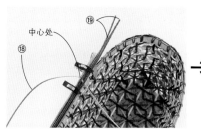

49 把3根⑲提手装饰绳和⑰提手外层用绳的中心处对齐，把⑱提手缠绕绳从两侧2根⑲提手装饰绳的下方穿过。

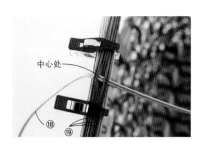

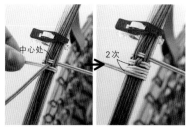

50 从中间1根⑲提手装饰绳下方穿过，缠绕1次，然后在3根⑲提手装饰绳上整体缠绕2次。

51 从中间1根⑲提手装饰绳下穿过，缠绕1次。

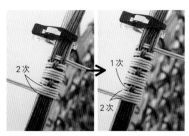

52 然后在3根⑲提手装饰绳上整体缠绕2次。从中间1根⑲提手装饰绳下方穿过，缠绕1次，然后在3根⑲提手装饰绳上整体缠绕2次。

53 从中间1根⑲提手装饰绳下方穿过，缠绕1次。

> **要点！**
> 不时用手向一侧推缠绕好的编绳，不让各圈之间产生大的空隙。
>
>

54 从两侧2根⑲提手装饰绳下方穿过，缠绕1次。然后从中间1根⑲提手装饰绳下方穿过，缠绕1次。完成1个编织花样。

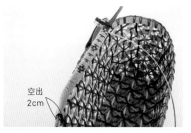

55 重复1次步骤**52~54**。然后不编织花样，只缠绕到离提手下端2cm处即可。

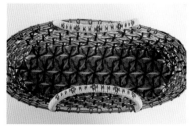

56 提手的另一半也按照步骤**51~55**的方法制作，注意编织花样不要中断。另一根提手按照步骤**48~56**的方法制作。

六边形网眼装饰提篮 彩图：p.21

■材料

纸藤
（靛蓝色）30m/卷…1卷

■完成尺寸

约长33cm、宽11cm、高16cm
（不含提手）

■需要准备的纸藤的股数和根数

①斜绳　3股宽　长60cm 28根
②横绳　3股宽　长78cm 6根
③编绳　3股宽　长91cm 8根
④边缘外用绳　8股宽　长91cm 1根
⑤边缘内用绳　8股宽　长90cm 1根

⑥边缘锁边绳　1股宽　长280cm 2根
⑦提手内层用绳　6股宽　长52cm 2根
⑧提手外层用绳　6股宽　长53cm 2根
⑨提手缠绕绳　2股宽　长250cm 2根

■平面裁剪图　多余的部分 =

参照平面裁剪图，裁剪、分割指定长度的纸藤。在①、②、⑨的中心处做标记。>参照p.31裁剪、分割纸藤

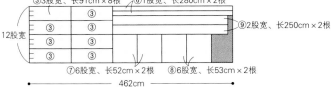

（靛蓝色）30m/卷

②3股宽，长78cm×6根
12股宽
①3股宽，长60cm×28根
④8股宽，长91cm×1根
⑤8股宽，长90cm×1根
679cm

③3股宽，长91cm×8根　⑥1股宽，长280cm×2根
12股宽
⑨2股宽，长250cm×2根
⑦6股宽，长52cm×2根　⑧6股宽，长53cm×2根
462cm

■制作方法　※ 为了清晰可见，纸藤的颜色有所改变

◇编织底部

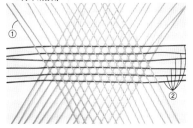

1 参照p.50、51步骤**1~9**，使用28根①斜绳、6根②横绳，交叉编织底部，然后竖起编绳。

◇编织主体

2 参照p.51步骤**10~13**，使用8根③编绳编织8行。

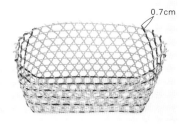

0.7cm

3 参照p.51步骤**14**、**15**，把竖绳往内外两侧依次交替折叠，顶端留出0.7cm后，裁掉多余的部分。

◇处理边缘

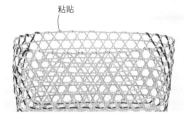

粘贴

4 参照p.51步骤**16**，把包裹着第8行的竖绳粘贴固定。

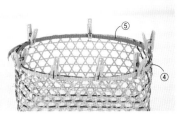

5 用晾晒夹把④边缘外用绳固定到边缘外侧，把⑤边缘内用绳固定到边缘内侧。然后把编绳两端分别在侧面重叠。

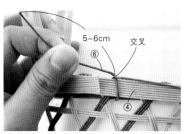

5~6cm　交叉

6 把⑥边缘锁边绳的一端留出5~6cm后，在边缘的下方，从内侧穿向外侧，和预留的编绳交叉。

7 用晾晒夹固定编绳短的一端，长的一端从内侧穿向外侧。

8 把编绳穿过环，拉紧。

9 把编绳从外侧穿向内侧，从编绳的上方穿过，拉紧。

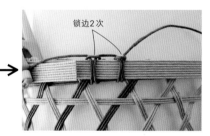

锁边2次

10 把编绳从内侧穿向外侧，穿过环，拉紧。在每个六边形网眼中锁边2次。重复步骤**9**、**10**，锁边1圈。

11 当编绳不够时，把新编绳从外侧穿向内侧，裁掉多余的旧编绳，并和新编绳的顶端一起粘贴到⑤边缘内用绳上。

粘贴

⑤

<内侧>

12 锁边1圈完成之后，把开始时预留的编绳插入锁边结束的编绳里，在内侧裁剪，并粘贴到⑤边缘内用绳上。

<内侧>
粘贴

◇安装提手

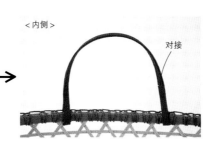

13 把1根⑦提手内层用绳的两处进行折叠，两端分别从外侧穿到提篮指定的位置上，从内侧拉出，对齐粘贴固定。
> 参照 p.48 提手 B

14 把1根⑧提手外层用绳也穿到指定的位置上，把⑦提手内层用绳夹到中间，把编绳两端对接，对齐粘贴固定。

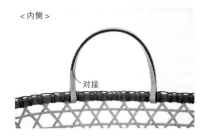

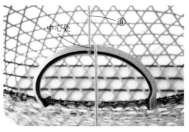

15 把1根⑨提手缠绕绳和提手的中心处对齐，朝向一端紧紧地缠绕下去。

16 另一半也如此。另一根提手参照步骤 **13**～**16** 的方法制作。

蒲公英长方形提篮　彩图：**p.20**

■材料

纸藤
（灰色）30m/卷…1卷
（淡粉色）30m/卷…1卷

■完成尺寸

约长35cm、宽11cm、高16.5cm
（不含提手）

■平面裁剪图

参照p.49

■需要准备的纸藤的股数和根数　※ 指定以外的颜色为灰色

①斜绳　6股宽 长60cm 20根
②横绳　6股宽 长78cm 4根
③编绳　6股宽 长90cm 5根
④插入绳　3股宽 长100cm 22根（淡粉色＝★）
⑤插入绳　3股宽 长58cm 15根★
⑥插入绳　3股宽 长96cm 2根★
⑦插入绳　3股宽 长68cm 18根★
⑧插入绳　3股宽 长86cm 3根★
⑨插入绳　3股宽 长86cm 6根★

⑩插入绳　3股宽 长24cm 6根★
⑪插入绳　3股宽 长28cm 6根★
⑫插入绳　3股宽 长92cm 5根★
⑬边缘外用绳　12股宽 长92cm 1根
⑭边缘内用绳　12股宽 长90cm 1根
⑮边缘锁边绳　1股宽 长280cm 2根
⑯提手内层用绳　8股宽 长69cm 2根
⑰提手外层用绳　8股宽 长70cm 2根
⑱提手缠绕绳　2股宽 长340cm 2根
⑲提手装饰绳　2股宽 长30cm 6根★

■制作方法　※ 为了清晰可见，纸藤的颜色有所改变

※ ④～⑦插入绳中心处和底部中心处对齐，插入绳穿过底部
※ 如若看不清楚作品制作图，可参照p.60插入绳穿过底部后的状态

◇编织底部和主体

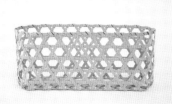

1 参照p.50、51步骤 **1**～**16**，编织底部和主体。

◇插入绳穿过底部

2 把1根④插入绳（红色）朝左上方向穿过。

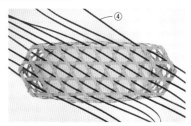

3 把10根④插入绳（红色）朝左上方向穿过。

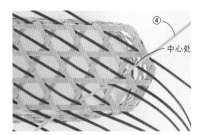

4 参照步骤**3**的方法，把1根④插入绳（浅蓝色）朝右上方向穿过。

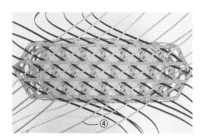

5 把10根④插入绳（浅蓝色）朝右上方向穿过。

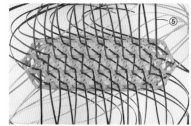

6 把15根⑤插入绳（褐色）竖着穿过。

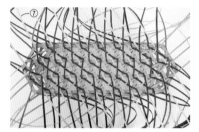

7 把2根⑥插入绳（绿色）在两端分别竖着穿过。
※穿绳方法可参照步骤**10**

8 把9根⑦插入绳（灰色）朝左上方向穿过。
※穿绳方法可参照步骤**10**

9 把9根⑦插入绳（浅褐色）朝右上方向穿过。
※穿绳方法可参照步骤**10**

10 把3根⑧插入绳（白色）横着穿过。

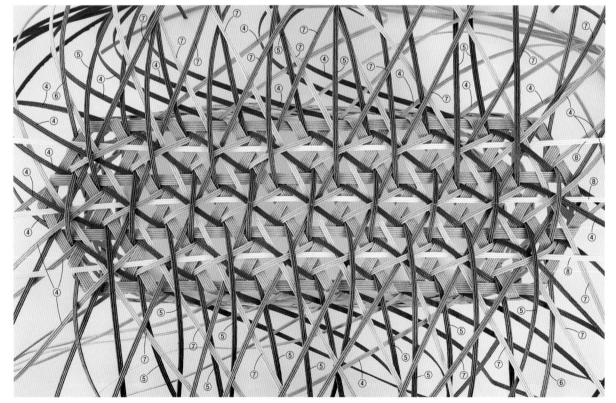

插入绳穿过底部后的状态 ※建议各插入绳的顶端粘贴上写有编号的遮蔽胶带，便于步骤**11**及以后的编织

◇插入绳穿过主体

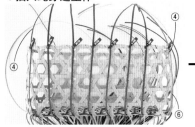
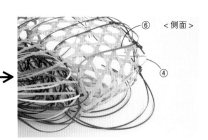

11 挑选底部朝左上方向穿过的前侧7根④插入绳，竖着穿过的1根⑥插入绳，朝右上方向穿过的转角处1根④插入绳。

12 均朝左上方向穿过。相反一侧也按照步骤**11**、**12**的方法制作。
※和p.53步骤**30**编绳的穿入、拉出位置正好相反

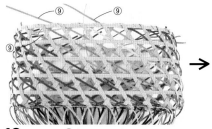
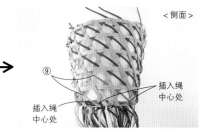
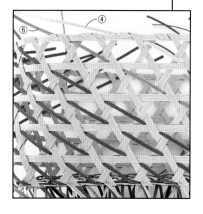

13 把3根⑨插入绳（粉红色）朝左上方向穿过。相反一侧也如此。
※⑨插入绳的中心处和底部六边形的角对齐
※和p.53步骤**31**编绳的穿入、拉出位置正好相反

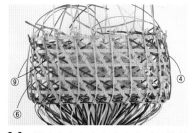
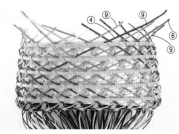
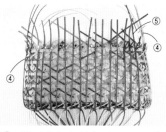

14 挑选底部朝右上方向穿过的前侧7根④插入绳，竖着穿过的1根⑥插入绳，步骤**13**中穿过的3根⑨插入绳，朝左上方向穿过的转角处1根④插入绳。

15 均朝右上方向穿过。相反一侧也按照步骤**14**、**15**的方法制作。
※和p.54步骤**33**编绳的穿入、拉出位置正好相反

16 挑选底部竖着穿过的15根⑤插入绳，朝左上方向穿过的侧面3根④插入绳，朝右上方向穿过的侧面3根④插入绳。

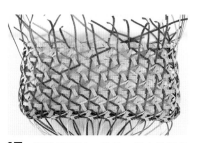
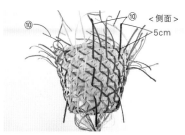
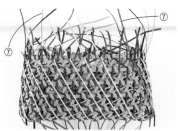

17 均竖着穿过。相反一侧也按照步骤**16**、**17**的方法制作。
※和p.54步骤**35**编绳的穿入、拉出位置正好相反

18 把3根⑩插入绳（藏青色）穿过侧面。然后把超出边缘的5cm插入底部内侧。相反一侧也如此。
※穿绳方法参照p.62步骤**22**的下方彩图
※和p.54步骤**36**编绳的穿入、拉出位置正好相反

19 挑选底部朝左上方向穿过的前侧8根⑦插入绳，朝右上方向穿过的侧面1根⑦插入绳，横着穿过的2根⑧插入绳。

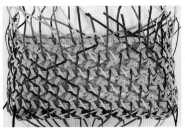

20 均朝左上方向穿过。相反一侧也按照步骤**19**、**20**的方法制作。

※和p.54步骤**38**编绳的穿入、拉出位置正好相反

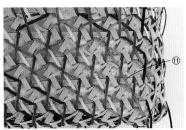

21 把1根⑪插入绳（芥末色）朝左上方向穿过。然后把超出边缘的5cm插入底部内侧。相反一侧也如此。

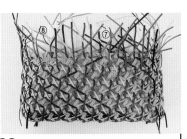

22 挑选底部朝右上方向的穿过前侧8根⑦插入绳，横着穿过的1根⑧插入绳，朝左上方向穿过的侧面1根⑦插入绳。然后均朝右上方向穿过。相反一侧也如此。

※和p.55步骤**40**编绳的穿入、拉出位置正好相反

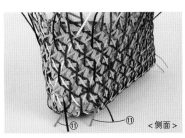

<側面>

23 把2根⑪插入绳（芥末色）朝右上方向穿过。然后把超出边缘的5cm插入底部内侧。相反一侧也如此。

※和p.55步骤**41**编绳的穿入、拉出位置正好相反

※穿绳方法参照步骤**21**

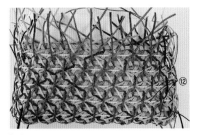

24 把5根⑫插入绳（米色）横着穿一圈。两端重叠1.5cm，对齐粘贴，裁掉多余的部分。

※和p.55步骤**42**编绳的穿入、拉出位置正好相反

※穿绳方法参照步骤**27**

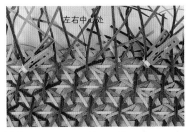

左右中心处

25 用晾晒夹把⑤插入绳固定到提手安装位置。

<内侧>

26 把步骤**25**中固定的编绳绕过边缘处交叉的2根插入绳，往内侧折叠，裁掉多余的部分。

27 把底部露出的编绳折入内侧。

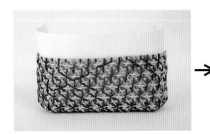

28 边缘处的插入绳与边缘对齐，裁剪并粘贴。内侧也如此。

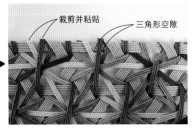

裁剪并粘贴　　三角形空隙

处理边缘时，需要插入⑮边缘锁边绳，所以需要空出三角形空隙。

<内侧>

1cm

29 底部内侧的编绳端头留出1cm之后裁剪并粘贴。参照p.56步骤**47~56**，处理边缘，安装提手。

玫瑰花蕾长方形提篮 彩图：**p.18**

■材料

纸藤
（米色）30m/卷…1卷
（松绿色）30m/卷…1卷

■完成尺寸

约长35cm、宽11cm、高16.5cm
（不含提手）

■需要准备的纸藤的股数和根数　※指定以外的颜色为米色

①斜绳　6股宽 长60cm 20根
②横绳　6股宽 长78cm 4根
③编绳　6股宽 长90cm 5根
④插入绳　6股宽 长100cm 24根（松绿色）
⑤插入绳　6股宽 长58cm 16根（松绿色）
⑥插入绳　6股宽 长96cm 2根（松绿色）
⑦插入绳　6股宽 长86cm 6根（松绿色）

⑧边缘外用绳　12股宽 长92cm 1根
⑨边缘内用绳　12股宽 长90cm 1根
⑩边缘锁边绳　1股宽 长280cm 2根
⑪提手内层用绳　8股宽 长69cm 2根
⑫提手外层用绳　8股宽 长70cm 2根
⑬提手缠绕绳　2股宽 长340cm 2根（松绿色）
⑭提手装饰绳　2股宽 长30cm 6根

■平面裁剪图　多余的部分＝▉

参照平面裁剪图，裁剪、分割指定长度的纸藤。在①、②、④~⑦、⑬、⑭的中心处做标记。>参照p.31裁剪、分割纸藤

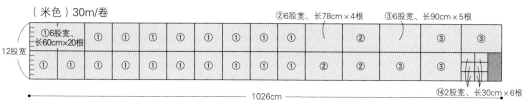

（米色）30m/卷
②6股宽、长78cm×4根　③6股宽、长90cm×5根
12股宽
①6股宽、长60cm×20根
1026cm
⑭2股宽、长30cm×6根

⑩1股宽、长280cm×2根
12股宽
⑧12股宽 长92cm×1根　⑨12股宽 长90cm×1根　⑪8股宽 长69cm×2根　⑫8股宽 长70cm×2根
462cm

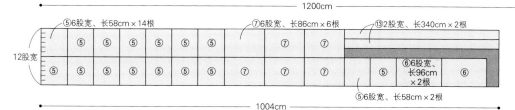

（松绿色）30m/卷
④6股宽、长100cm×24根
12股宽
1200cm

⑤6股宽、长58cm×14根　⑦6股宽、长86cm×6根　⑬2股宽、长340cm×2根
12股宽
⑥6股宽、长96cm×2根
⑤6股宽、长58cm×2根
1004cm

◇编织底部和主体

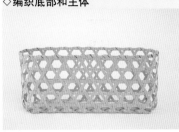

1 参照p.50、51步骤**1~16**，编织底部和主体。

◇插入绳穿过底部

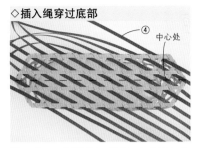

2 把12根④插入绳（红色）朝左上方向穿过。

※ ④~⑥插入绳中心处和底部中心处对齐，插入绳穿过底部

3 把12根④插入绳（浅蓝色）朝右上方向穿过。

※ 如若看不清楚作品制作图，可参照下方插入绳穿过底部后的状态

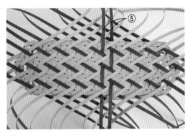

4 把2根⑤插入绳（褐色）竖着穿过。穿绳时，注意按压着步骤**2**、**3**穿过的编绳。

5 再把14根⑤插入绳竖着穿过，把2根⑥插入绳（绿色）在两端分别竖着穿过。

插入绳穿过底部后的状态 ※建议各插入绳的顶端粘贴上写有编号的遮蔽胶带，便于步骤**6**及以后的编织

◇插入绳穿过主体

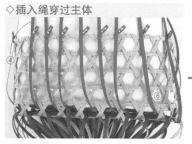 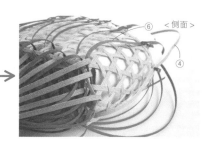

6 挑选底部朝左上方向穿过的前侧7根④插入绳，竖着穿过的1根⑥插入绳，朝右上方向穿过的转角处1根④插入绳。

7 均朝左上方向穿过。相反一侧也按照步骤**6**、**7**的方法制作。

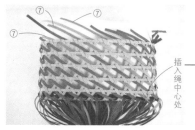 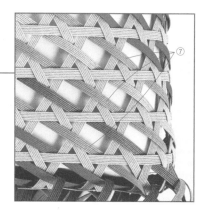 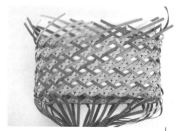

8 把3根⑦插入绳朝左上方向穿过。相反一侧也如此。
※⑦插入绳的中心处和底部六边形的角对齐

9 挑选底部朝右上方向穿过的前侧7根④插入绳，朝右上方向穿过的转角处1根④插入绳，竖着穿过的1根⑥插入绳。

 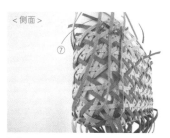

10 均朝右上方向穿过。相反一侧也按照步骤**9**、**10**的方法制作。
※穿绳方法参照步骤**12**的下方彩图

11 选择步骤**8**中3根⑦插入绳没有穿过主体的一端。

12 如图所示朝右上方向穿过。相反一侧也按照步骤**11**、**12**的方法制作。

 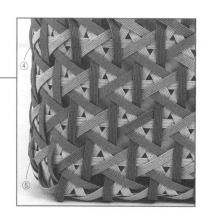 

13 挑选底部竖着穿过的16根⑤插入绳，朝右上方向穿过的4根④插入绳，朝左上方向穿过的4根④插入绳。然后如图所示均竖着穿过。相反一侧也如此。

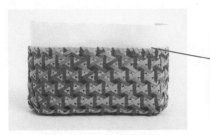

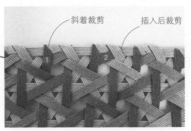

斜着裁剪　　插入后裁剪

◇处理边缘

⑩　　⑨　　⑧

14 处理编绳端头。❶竖着穿过的编绳端头在边缘处折叠后，沿着粘贴到提篮主体上的编绳端头斜着裁剪，粘贴固定。

❷将朝左上、右上方向穿过的编绳端头插入边缘编绳里，裁剪，粘贴固定。

15 参照p.57处理边缘。把⑧边缘外用绳固定到边缘外侧，把⑨边缘内用绳固定到边缘内侧，用⑩边缘锁边绳处理边缘。

◇安装提手

⑪　　⑫

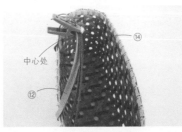

中心处　　⑭

⑫

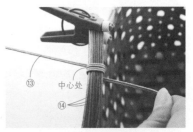

⑬　　中心处

⑭

16 参照p.59安装提手。把⑪提手内层用绳、⑫提手外层用绳穿到提篮指定位置上。

17 把3根⑭提手装饰绳和⑫提手外层用绳的中心处对齐，摆放到一起。

18 如图所示用⑬提手缠绕绳整体缠绕提手2次。

左边的提手装饰绳

中间的提手装饰绳

19 从左边的⑭提手装饰绳下方穿过，缠绕1次，然后从中间的⑭提手装饰绳和左边的⑭提手装饰绳下方穿过，缠绕1次，从3根⑭提手装饰绳下方穿过，缠绕1次，从中间的⑭提手装饰绳和左边的⑭提手装饰绳下方穿过，缠绕1次，从左边的⑭提手装饰绳下方穿过，缠绕1次，然后整体缠绕提手1次。

20 和步骤**19**左右对称，进行缠绕。1个花样编织完成。

21 参照步骤**19**、**20**，再编织1个花样。参照p.56步骤**53**要点编织，注意编绳之间不要有空隙，拉紧编织。

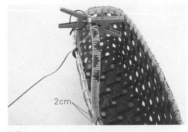

2cm

22 然后不编织花样，只缠绕到离提手下端2cm处即可。

23 提手的另一半也按照步骤**19**~**22**的方法进行缠绕，编织花样。

另一根提手按照步骤**16**~**23**的方法制作，花样和已编提手对称。

铁线莲竖长款提篮 彩图：**p.6、27**

a

b

■材料

纸藤

a（杏色、浅绿色）30m/卷…各1卷
b（红色B、米色）30m/卷…各1卷

■完成尺寸

约长28cm、宽5cm、高31.5cm
（不含提手）

■需要准备的纸藤的股数和根数　※指定以外的颜色为a杏色、b红色B

①横绳　12股宽 长104cm 3根
②竖绳　12股宽 长82cm 17根
③编绳　12股宽 长68cm 14根
　（a浅绿色、b米色）
④编绳　12股宽 长68cm 4根
⑤穿绳　6股宽 长70cm 14根
　（a浅绿色、b米色）
⑥插入绳　4股宽 长75cm 10根
　（a浅绿色、b米色）

⑦插入绳　4股宽 长75cm 10根
⑧收尾绳　10股宽 长4.5cm 4根
⑨边缘内用绳　12股宽 长70cm 1根
⑩边缘外用绳　12股宽 长72cm 1根
⑪提手内层用绳　8股宽 长58cm 2根
⑫提手外层用绳　8股宽 长59cm 2根
⑬提手缠绕绳　2股宽 长300cm 2根

■平面裁剪图　　多余的部分 = ▨

参照平面裁剪图，裁剪、分割指定长度的纸藤。在①、②、⑬的中心处做标记。>参照p.31裁剪、分割纸藤

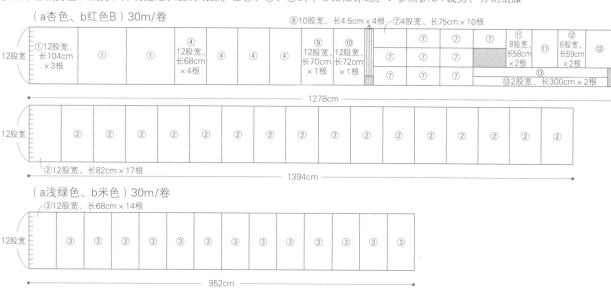

（a杏色、b红色B）30m/卷

⑧10股宽、长4.5cm×4根　　⑦4股宽、长75cm×10根

①12股宽、长104cm×3根　　④12股宽、长68cm×4根　　⑨12股宽、长70cm×1根　　⑩12股宽、长72cm×1根　　⑪8股宽、长58cm×2根　　⑫8股宽、长59cm×2根　　⑬2股宽、长300cm×2根

1278cm

②12股宽、长82cm×17根　　1394cm

（a浅绿色、b米色）30m/卷

③12股宽、长68cm×14根

952cm

⑤6股宽、长70cm×14根　　⑥4股宽、长75cm×10根

790cm

■制作方法　※ 为了清晰可见，纸藤的颜色有所改变

◇编织底部

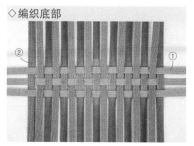

1 用3根①横绳、17根②竖绳交叉组合，编织底部。对齐粘贴4个角。
>参照p.42 4根绳交错编织法

◇编织主体

2 把四周的编绳一根一根直立竖起。
>参照p.46竖起编绳

3 用1根③编绳进行1行素编。编织结束处重叠粘贴。
>参照p.34素编法

要点!

用晾晒夹固定竖绳时，注意使
其与底部垂直。

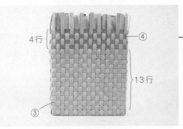

4 接着用13根③编绳进行13行素
编，用④编绳进行4行素编。

4行 ——④

13行

③

要点!

每编织1行，注意拉紧竖绳，
缩小编绳之间的空隙。

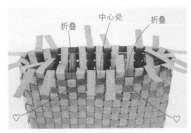

折叠　　中心处　　折叠

5 提手安装处的竖绳（♡）暂时不
折叠，其他竖绳沿边缘依次往内
外两侧交替折叠。然后竖绳（♡）
在边缘下方1行处，往内侧折叠。

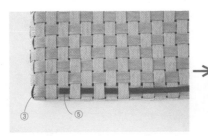

③　　⑤

6 如图所示把1根⑤穿绳穿过③编
绳的中心处，穿1圈。

编绳端头暂时不做处理。

穿过14
根⑤穿绳

7 按照步骤**6**的方法，共计穿过
14根⑤穿绳。
※穿绳的时候，开始穿绳的位置都和前一
行错开

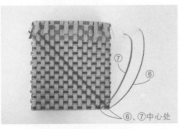

⑦

⑥

⑥、⑦中心处

8 把⑥、⑦插入绳对折，从⑤穿绳
下方朝左上方向分别穿过5根。
相反一侧也分别穿过5根。
※⑥、⑦插入绳的中心处和底部中心处对
齐

> 参照p.31编绳的插入方法

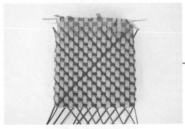

9 步骤**8**剩余编绳呈V形折叠，在
⑤穿绳和步骤**8**已穿编绳之间，
一直朝右上方向穿到边缘。相反
一侧也如此。

⑤　底部

对接

10 如图所示，⑤穿绳的端头在竖绳
的中心处进行对接，裁掉多余的
部分。

11 在⑤穿绳的端头涂上黏合剂，插到竖绳背面。所有端头都这样处理。

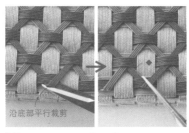

沿底部平行裁剪

12 底部一侧的⑥、⑦插入绳沿底部平行裁剪，右边的编绳和◆编绳平行裁剪。

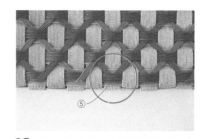

⑤

13 把涂有黏合剂的编绳端头插入⑤穿绳下方，这样处理一圈。

裁剪

⑤

14 把朝左上方向穿过的边缘一侧的⑥、⑦插入绳和⑤穿绳平行裁剪。

裁剪

15 把涂有黏合剂的编绳端头插入⑤穿绳下方。朝右上方向穿过的编绳和朝左上方向穿过的编绳平行裁剪。

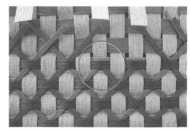

16 把涂有黏合剂的编绳端头插入⑤穿绳下方，这样处理一圈。

◇**处理边缘、安装提手**

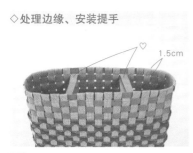

♡ 1.5cm

17 竖绳［提手安装处的竖绳（♡）除外］超过边缘留出1.5cm之后裁掉，粘贴到最上面一行的编绳上。

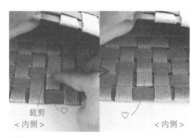

裁剪 ♡
＜内侧＞ ＜内侧＞

18 提手安装处的竖绳（♡）与从边缘开始数第4行的编绳端头对齐，裁掉多余的部分，然后端头涂上黏合剂，插入第4行编目里，粘贴固定。

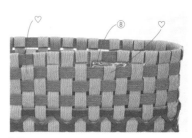

♡ ⑧ ♡

19 ⑧收尾绳涂上黏合剂，插入♡处。4处均按照此方法处理。

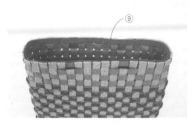

⑨

20 粘贴⑨边缘内用绳。粘贴结束处与粘贴开始处重叠。

⑩

21 粘贴⑩边缘外用绳。粘贴结束处与粘贴开始处重叠。

♡ ⑬ ⑫ ⑪ ♡

22 把⑪提手内层用绳、⑫提手外层用绳穿到提篮指定的位置上，并粘贴固定。把⑬缠绕绳缠绕到提手上。另一只提手也如此。
＞参照p.48提手B

白车轴草收纳筐　彩图：p.11

■材料

纸藤
（白木色）30m/卷…1卷

■完成尺寸

约直径14cm、高7cm
（不含装饰花边）

■需要准备的纸藤的股数和根数

①内芯编绳　4股宽 长300cm 8根
②编绳　3股宽 长320cm 8根
③装饰芯编绳　3股宽 长90cm 2根
④缠绕绳　2股宽 长450cm 1根

■平面裁剪图　多余的部分 = ▨

参照平面裁剪图，裁剪、分割指定长度的纸藤。>参照p.31裁剪、分割纸藤

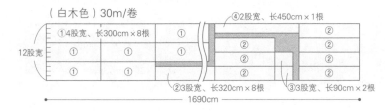

（白木色）30m/卷

④2股宽、长450cm × 1根

①4股宽、长300cm × 8根

12股宽

②3股宽、长320cm × 8根　③3股宽、长90cm × 2根

1690cm

■制作方法　※ 为了清晰可见，纸藤的颜色有所改变

◇编织底部

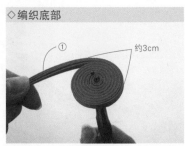

1 如图所示把4根①内芯编绳重叠到一起，用镊子夹住4根编绳的一端，缠绕成大约直径3cm的圆盘。

黏合剂

2 把中心处的编绳端头错开2~3mm粘贴到一起。第1圈的外侧涂上黏合剂，拿住中心处缠绕粘贴。

约3.5cm

（正面）　黏合剂

3 紧紧地缠绕3圈半，用夹子夹住。从中心处开始涂抹黏合剂，大约涂抹2圈半，粘贴并固定。

第1圈

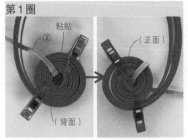

粘贴　②

（正面）

（背面）

4 晾干之后，把②编绳粘贴到背面的中心处，从正面插入中间的小孔，并拉出，缠绕1次。

（正面）

5 按照上述方法共计缠绕12次。第1圈编织完成。

要点！

编织结束处的编目上粘贴遮蔽胶带，这样一来，每圈的结束处就比较清晰了。

遮蔽胶带

第2圈

② 缠绕1次

①

6 编织第2圈时，如图所示穿过第1圈编目空隙缠绕1次，第2圈第1个编目编织完成。

※底部第2圈以后的编织，将②编绳缠到①内芯编绳上，重复缠绕编织下去

要点！

第2圈以后的编织开始处，一定是在前一圈的第1个编目和第2个编目之间。前一圈的编织结束处和编织开始处，不要进行编织。

此处禁止缠绕

7 按照步骤**6**的方法，共计缠绕12次。第2圈编织完成。

※为了清晰可见，揭掉编织结束处的遮蔽胶带

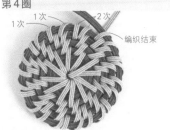

编织开始

编织结束

第3圈

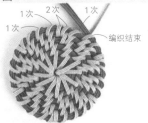

2次 1次

编织结束

8 编织第3圈时，先穿过第2圈编目空隙缠绕1次，再穿过下一个编目空隙缠绕2次。重复缠绕编织1圈（共计缠绕18次）。

要点！

斜着裁掉编绳端头

斜着裁剪便于穿绳。在穿绳过程中，编绳端头容易钝化，建议稍微斜裁点再进行编织。穿绳时，用锥子等留出空隙。

＞参照p.31编绳的插入方法

第4圈

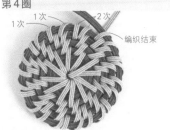

1次 1次 2次

编织结束

9 编织第4圈时，先穿过第3圈编目空隙缠绕2次，再穿过下一个编目空隙缠绕1次，然后穿过第3个编目空隙缠绕1次。重复缠绕编织1圈（共计缠绕24次）。

第5圈

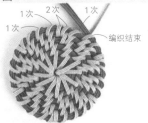

1次 2次 1次
1次

编织结束

10 编织第5圈时，先穿过第4圈编目空隙缠绕1次，再穿过下一个编目空隙缠绕2次，然后穿过第3个编目空隙缠绕1次，接着穿过第4个编目空隙缠绕1次。重复缠绕编织1圈（共计缠绕30次）。

要点！

当增加新编绳时

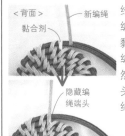

＜背面＞　新编绳

黏合剂

隐藏编绳端头

给正在编织的编绳端头涂上黏合剂，把新编绳对齐粘贴，然后把编绳端头隐藏到缠绕绳里面。

当增加内芯编绳时

新编绳　黏合剂

对接

给下方的内芯编绳端头涂上黏合剂，两根编绳的端头对接，粘贴到一起。

第6圈

2次 1次

第5圈编织结束处

11 编织第6圈时，穿过第5圈编目空隙进行缠绕。

要点！

使第6～9圈在底部呈现蓬松圆润感

如图所示把内芯编绳错开一半，下端和上一圈的中线对齐，这样一来，底部即可竖起。

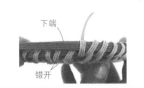

下端

错开

12 重复步骤**11**，编织1圈（共计缠绕36次）。

第6圈编织结束处

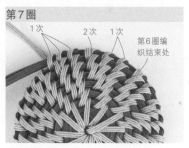

第7圈

1次　2次　1次
第6圈编织结束处

13 编织第7圈时，穿过第6圈编目空隙进行缠绕。

第7圈编织结束处

14 重复步骤 **13**，编织1圈（共计缠绕42次）。

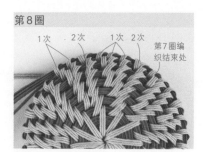

第8圈

1次　2次　1次　2次
第7圈编织结束处

15 编织第8圈时，穿过第7圈编目空隙进行缠绕。

第8圈编织结束处

<侧面>

16 重复步骤 **15**，编织1圈（共计缠绕54次）。

第9~11圈

第11圈
第10圈
第9圈

约13.5cm

17 编织第9~11圈时，穿过前一圈编目空隙各缠绕1次。第11圈编织结束（第11圈共计缠绕54次，编绳之间共计108个空隙）。

※第9圈编织结束后，直径约为9.5cm

※第10、11圈的编织稍微呈现蓬松圆润感，使其垂直竖起（参照步骤 **18**）

◇**编织主体　第1圈**

3编目

18 参照编织图，第1圈编织3编目（■■■）。对着底部的108编目，一编目一编目地进行编织。

※主体第1~3圈稍微呈现蓬松圆润感，使其垂直竖起。第4、5圈直接垂直竖起编织

■**编织图**／1个花样（★）重复编织6次（下图省略2个花样）

每一圈编织结束处
每一圈编织开始处
★

| | 主体 | 第5圈 |
| 第4圈 |
| 第3圈 |
| 第2圈 |
| 第1圈 |

第1圈编织结束处、第2圈编织开始处
第1圈编织开始处

19　18
编织方向

1个花样 = ★

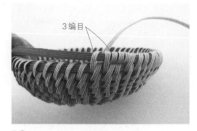

3编目

19 参照编织图（■□□），再编织3编目。

编织结束处

20 第1圈编织结束。图中为1个花样（★）重复编织6次后的状态。

要点！

编织图的图解

■ =缠绕到内芯编绳上

缠绕

□ =跳过1编目

■ =缠绕到内芯编绳和下一圈上

※ □ 穿过下一圈时，从编绳的右侧穿过

<内侧>

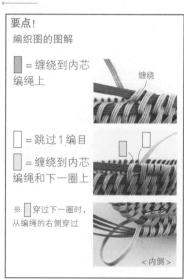

第2圈

第3~5圈

21 参照编织图，第2圈上编织3编目。对着第1圈的编目，一编目一编目地进行编织。

22 第2圈编织结束。

23 参照编织图，进行第3~5圈的编织。把4根内芯编绳留出10cm后裁掉。然后从编绳端头开始每隔3cm做标记。

※第4、5圈编织结束后，直径约为14cm

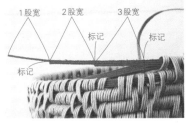

24 如图所示分割、裁剪编绳（4根都需要）。

25 ❶重复编织2编目（□■）5次。❷重复编织1编目（□）5次。❸编织2编目（□□）。❹编织2编目（□□）。内芯编绳留出0.2cm后裁掉。

26 为了隐藏内芯编绳，如图所示缠绕1次。跳过左边相邻的编绳，再缠绕1次。

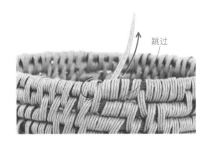

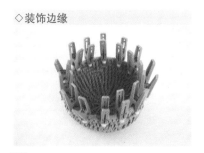

◇**装饰边缘**

27 如图所示穿过内侧的边缘编绳，涂上黏合剂，拉紧，裁掉多余的部分。

28 在边缘均等间隔，用晾晒夹固定14处。

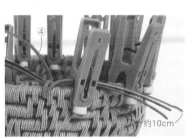

29 把2根③装饰芯编绳重叠到一起，固定到边缘上。

30 晾晒夹固定的位置穿上④缠绕绳，再重复穿一次。

31 在③装饰芯编绳上紧紧缠绕12次，从相邻晾晒夹固定的位置穿过2次。1个装饰花样编织完成。

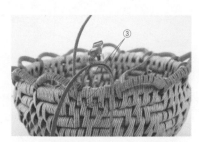

32 重复步骤**30**、**31**，共计编织12个装饰花样。在③装饰芯编绳编织开始处的1根绳上，呈弧形固定编织结束处的1根编绳。

33 参照步骤**31**，把缠绕结束处的④缠绕绳缠绕12次。穿过步骤**30**编绳穿过的位置。

34 拉紧③装饰芯编绳的两端，沿着边缘裁剪，编绳端头涂上黏合剂。

35 拉紧缠绕结束处的④缠绕绳。松开步骤**30**中缠绕开始处的圆环。

36 将缠绕结束处的④缠绕绳端头留出1cm后裁掉，两面涂上黏合剂，粘贴到收纳筐主体上。拉紧缠绕开始处编绳的端头，粘贴，沿着主体裁剪。

白车轴草圆筒形提篮 <small>彩图：p.10</small>

■材料

纸藤
（白木色）30m/卷…1卷、
5m/卷…1卷

■完成尺寸

约直径14cm、高17cm
（不含提手）

■需要准备的纸藤的股数和根数

①内芯编绳　4股宽　长290cm 16根
②编绳　3股宽　长300cm 20根
③提手内层绳　8股宽　长63cm 1根
④提手外层绳　8股宽　长64cm 1根
⑤缠绕绳　2股宽　长340cm 1根

■平面裁剪图　　多余的部分 = ▨

参照平面裁剪图，裁剪、分割指定长度的纸藤。在⑤的中心处做标记。>参照p.31裁剪、分割纸藤

（白木色）30m/卷

12股宽	①4股宽、长290cm×16根				①	①	②3股宽、长300cm×20根				②	②
	①	①	①	①	①		②	②	②	②	②	②
	①						②	②	②	②	②	②

2950cm

（白木色）5m/卷

12股宽	①	③8股宽、长63cm×1根
		④8股宽、长64cm×1根
		⑤2股宽、长340cm×1根

417cm

◇编织底部

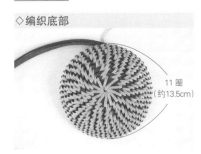

11圈
（约13.5cm）

1 参照p.70~72白车轴草收纳筐的步骤**1~17**。第11圈共计缠绕54次。编绳之间共计108个空隙。

◇编织主体

第5圈编织结束处

5圈

2 参照p.72的编织图，按照p.72、73步骤**18~23**的方法编织4圈。参照本页下方的编织图编织第5圈。

> 参照p.72要点中的图解

第6圈编织结束处

3 参照编织图编织第6圈。第6圈编织完成。

※第6~18圈，垂直竖起编织

第8圈编织结束处

第8圈

第7圈

4 参照编织图编织第7、8圈。第8圈编织完成。

约14cm

18圈

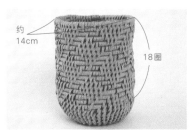

5 参照编织图编织第9~18圈。参照p.73的步骤**23~27**，处理边缘。

※编织结束，直径约为14cm

◇安装提手

③

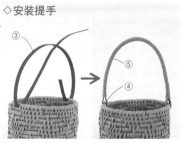

⑤

④

6 在主体上自己喜欢的位置安装提手。如图所示，把③提手内层用绳两端相对，从最上面一圈的下方穿到提篮上。安装上④提手外层用绳和⑤缠绕绳。

> 参照p.48提手B

■编织图／1个花样（★）重复编织6次（下图省略2个花样）

> 参照p.72要点中的图解

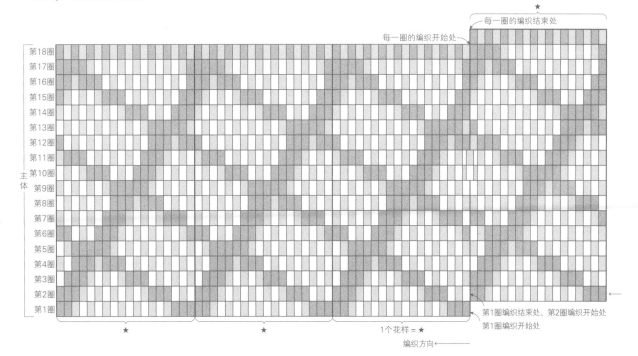

★

每一圈的编织结束处

每一圈的编织开始处

主体

第18圈
第17圈
第16圈
第15圈
第14圈
第13圈
第12圈
第11圈
第10圈
第9圈
第8圈
第7圈
第6圈
第5圈
第4圈
第3圈
第2圈
第1圈

第1圈编织结束处、第2圈编织开始处
第1圈编织开始处

★　　★　　1个花样＝★

编织方向

铁线莲手拿包　彩图：p.8

■材料

纸藤
（乌贼墨色）30m/卷…1卷
（茶绿色）5m/卷…2卷

■完成尺寸

约长28cm、宽5cm、高16cm
（不含盖子）

■需要准备的纸藤的股数和根数　※指定以外的颜色为乌贼墨色

①横绳　12股宽 长70cm 3根
②竖绳　12股宽 长46cm 17根
③编绳　12股宽 长68cm 3根
④编绳　12股宽 长68cm 6根
　（茶绿色）
⑤穿绳　6股宽 长70cm 6根
　（茶绿色）
⑥插绳　4股宽 长35cm 10根
　（茶绿色）
⑦插入绳　4股宽 长35cm 10根

⑧边缘内用绳　12股宽 长70cm 1根
⑨边缘外用绳　12股宽 长72cm 1根
⑩盖子编绳　12股宽 长58cm 2根
　（茶绿色）
⑪盖子编绳　12股宽 长60cm 2根
　（茶绿色）
⑫磁铁吸扣底座用绳　12股宽 长4.5cm
　1根（茶绿色）
⑬磁铁吸扣底座用绳　12股宽 长4.5cm
　1根
⑭安装绳　2股宽 长36cm 1根

■平面裁剪图　　多余的部分 =

参照平面裁剪图，裁剪、分割指定长度的纸藤。在①、②、⑫、⑬的中心处做标记。>参照p.31裁剪、分割纸藤

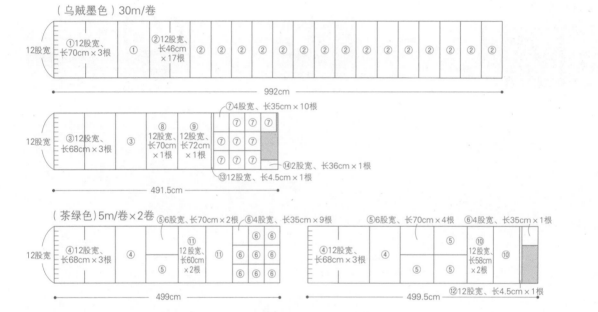

■制作方法　※为了清晰可见，纸藤的颜色有所改变

◇编织底部

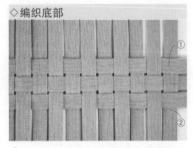

1 参照p.67铁线莲竖长款提篮的步骤**1**。

◇编织主体

2 把四周的编绳一根一根直立竖起。
>参照p.46竖起编绳

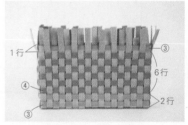

3 参照p.67、68的步骤**3**、**4**，分别用2根③编绳进行2行素编，用6根④编绳进行6行素编，用1根③编绳进行1行素编。
>参照p.34素编法

4 把竖绳沿边缘依次往内外两侧交替折叠。

5 参照p.68步骤**6**、**7**，把6根⑤穿绳穿过④编绳的中心处，穿1圈。编绳端头暂时不做处理。

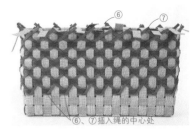

6 参照p.68步骤**8**、**9**，穿过10根⑥插入绳和10根⑦插入绳。

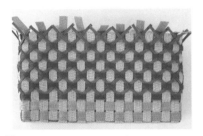

7 参照p.68、69的步骤**10~13**，处理⑥、⑦插入绳的下端。

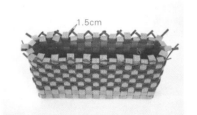

8 把竖绳超过边缘留出1.5cm后，裁掉多余的部分。

9 ❶边缘处⑥、⑦插入绳交叉的部分，其中一根沿着边缘斜着裁剪。❷另一根沿着❶的编绳斜着裁剪。

◇处理边缘

10 竖绳涂上黏合剂，粘贴固定。

11 把⑧边缘内用绳和⑨边缘外用绳沿着边缘粘贴固定。粘贴结束处与粘贴开始处重叠。

◇制作盖子

12 如图所示把2根⑩盖子编绳在中心处折叠成V形。

13 如图所示使2根编绳折叠方向相反，交叉重叠。

14 把2根⑪盖子编绳在中心处折叠成V形，其中一根夹住步骤**13**的1根编绳。

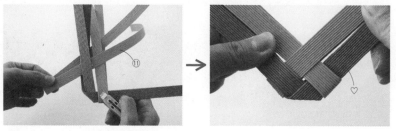

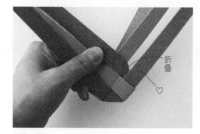

15 用另一根⑪盖子编绳分别夹住步骤**13**、**14**的1根编绳。

16 把♡后面的编绳往前折叠。

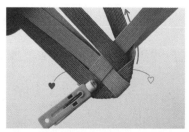

17 如图所示把♡编绳往后折叠，从右上方向2根编绳之间穿过。

18 如图所示把♥编绳往后折叠，从左上方向3根编绳（2根蓝色、1根灰色）下方穿过。

把♥后面的编绳往前折叠，从左上方向1根编绳下方穿过。把♠后面的编绳往前折叠。

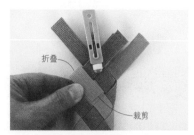

19 如图所示把♠编绳往后折叠，从右上方向2根编绳之间穿过。

20 重复步骤**18**、**19**，编织约18cm。前面左右两根编绳的端头分别裁掉。

裁剪

裁剪

约18cm

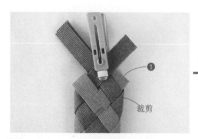

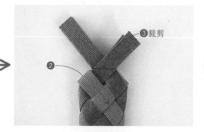

折叠

裁剪

21 如图所示折叠左侧的编绳，和第2个编目对齐，裁剪。

裁剪

❶

22 ❶如图所示把右侧编绳端头插入相邻编目里，然后裁剪。

❸裁剪

❷

❷把左侧编绳端头插入下方编目里。
❸把前面3根编绳裁掉。

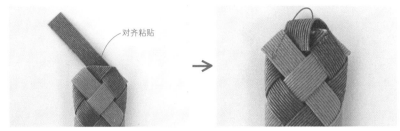

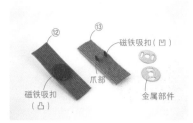

23 裁剪后的3根编绳对齐粘贴，剩余的1根编绳插入相邻编目里，裁掉多余的部分。

24 把磁铁吸扣（凸、凹）底座部分分别插入⑫磁铁吸扣底座用绳和⑬磁铁吸扣底座用绳的中心处。

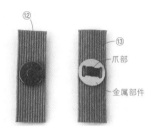

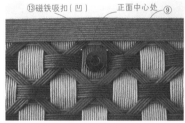

25 把金属部件镶嵌到磁铁吸扣（凹）底座上，然后如图所示把爪部压倒。

26 盖子涂上黏合剂，把⑫磁铁吸扣底座用绳的两端如图所示插入编目里，粘贴固定。

27 在手拿包正面中心处的竖绳上涂黏合剂，把⑬磁铁吸扣底座用绳插入编目里，粘贴固定。

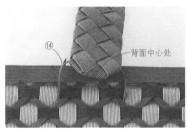

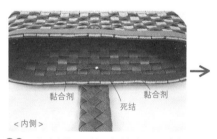

28 把⑭安装绳穿到盖子上没有安装磁铁吸扣的一端。

29 把⑭安装绳从外侧穿到内侧，把盖子一端安装到手拿包的背面中心处。

30 在内侧打死结，打结处和两端都涂上黏合剂，粘贴固定。

■材料

纸藤

（红色A）30m/卷…1卷、
5m/卷…2卷

■完成尺寸

约长26cm、宽9.5cm、高13.5cm
（不含提手）

■需要准备的纸藤的股数和根数

① a　6股宽 长232cm 1根
② a　6股宽 长224cm 2根
③ a　6股宽 长216cm 2根
④ b、c　6股宽 长184cm 各7根
⑤ b、c　6股宽 长176cm 各2根
⑥ b、c　6股宽 长168cm 各2根
⑦ b插入绳 6股宽 长80cm 6根
⑧ a　6股宽 长244cm 7根
⑨ 提手绳　4股宽 长65cm 8根

■平面裁剪图 多余的部分＝ ▨

参照平面裁剪图，裁剪、分割指定长度的纸藤。＞参照p.31裁剪、分割纸藤

（红色A）5m/卷×2卷

12股宽	①a6股宽、长232cm×1根	⑦b 6股宽、长80cm×6根	⑦b	②a6股宽、长224cm×2根	③a6股宽、长216cm×2根
	⑧a6股宽、长244cm×1根	⑦b	⑦b	②a	③a

484cm　　440cm

（红色A）30m/卷

12股宽	④b 6股宽、长184cm×7根	④b	④b	④b	④c
	④b	④b	④b	④c 6股宽、长184cm×7根	④c

920cm

12股宽	④c	④c	⑤b 6股宽、长176cm×2根	⑤c 6股宽、长176cm×2根	⑥b 6股宽、长168cm×2根	⑥c 6股宽、长168cm×2根
	④c	④c	⑤b	⑤c	⑥b	⑥c

1056cm

⑨4股宽、长65cm×8根

12股宽	⑧a6股宽、长244cm×6根	⑧a	⑧a		⑨	⑨
				⑨	⑨	⑨
	⑧a	⑧a	⑧a	⑨	⑨	

927cm

■制作方法 ※ 为了清晰可见，纸藤的颜色有所改变

◇编织底部 ※ 没有特殊说明时，编绳均对折之后再使用

第1行

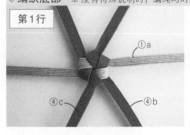

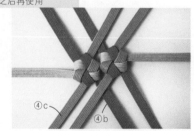

1 如图所示用①a和④b、c在中心
处编织1个花结。
＞参照p.40 花结步骤**1~5**

2 用④b、c编织第2个花结。
＞参照p.40 花结步骤**6~9**

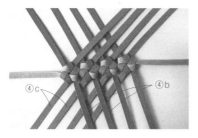

3 分别用2根④b、c编织2个花结。

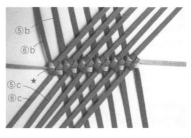

4 用⑤b、c编织1个花结，用⑥b、c编织1个花结。6个花结编织完成。

※每个b的上方编绳和前一行b编绳保持相同的长度，c的上方编绳比前一行c编绳短8cm

> 参照 p.41 编绳的折叠方法

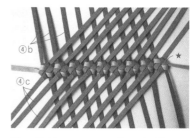

5 旋转180°，分别用3根④b、c编织3个花结。

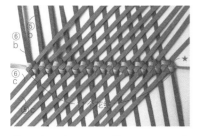

6 参照步骤**4**，用⑤b、c编织1个花结，用⑥b、c编织1个花结。第1行编织完成。

※每个b的上方编绳和前一行b编绳保持相同的长度，c的上方编绳比前一行c编绳短8cm

7 新编绳②a的上方编绳和前一行（第1行）a长度保持一致，然后折叠，编织1个花结。

> 参照 p.40、41 花结编织步骤**10~12** 和 p.41 编绳的折叠方法

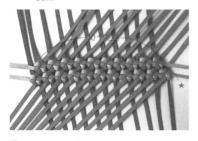

8 用上述②a编绳往左共计编织10个花结。

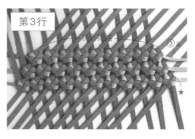

9 参照步骤**7、8**，用新编绳③a编织9个花结。

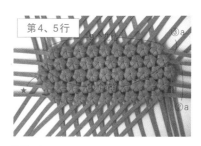

10 旋转180°，参照步骤**7~9**，用新编绳②a编织第4行的10个花结，用新编绳③a编织第5行的9个花结。底部编织完成。

◇编织主体

第1行

11 从长边中心处（从一端向中心数第4或第5个花结）开始编织。折叠⑧a，使其上方编绳相当于前一行4个花结的长度。

12 底部延伸出来的编绳作为b、c，编织1个花结。

13 用⑧a一直编织到转角前一个花结。

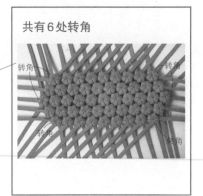

共有6处转角

转角 转角

转角 转角

c
⑦b
⑧a
5cm

14 在转角增加花结。折叠⑦b插入绳，使其上方编绳长5cm，作为b编绳编织1个花结。如此，转角处增加1个花结，并竖起。

b
a
c

（内侧）

15 把⑦b插入绳短的一端插入内侧，穿到花结里。

要点！

○ = ⑦b插入绳和a、c编结的位置

■ = 用⑧a编结的位置（在b、c已经交叉的状态下）

⑧a

编织开始

16 剩余的5处转角也参照步骤**14**、**15**，增加⑦b插入绳的同时，用同一根⑧a编结，一直编织到编织开始处前3个花结处。

编织开始处的编绳端头
⑧a

17 折叠⑧a，夹住编织开始处预留的a的编绳端头，并折叠。

编绳端头 a
b

18 用b夹住编绳端头和a。

编绳端头
a
b
c

19 用c夹住编绳端头、a、b，编织1个花结。

20 剩余的2个花结也按照步骤**17**~**19**的方法进行编织。

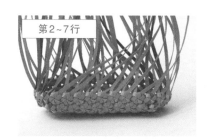

21 将a的编绳端头穿过左边相邻花结外侧的2根编绳，拉到内侧，穿过内侧的2根编绳后再从外侧拉出。穿过4根编绳之后，裁掉多余的部分。

※ 拉到内侧之后，穿过内侧交叉的2根编绳

22 第2~7行按照步骤**11~13**、**16~21**的方法，分别用⑧a编织花结。
※ 转角处不增加插入绳，将第1行的插入绳作为b编绳进行编织
※ 各行编织开始位置要错开

◇处理边缘

23 将超出边缘的编绳沿花结的边缘往内侧折叠。

24 把c编绳穿过左边相邻花结的1根编绳。这样处理一圈。

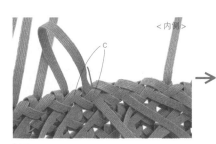

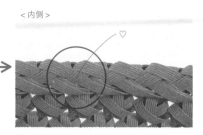

25 把b编绳从右边相邻c的上方穿过，再从右边下一根c的下方穿过。这样处理一圈。

26 把b编绳和c编绳重叠部分和边缘平行裁剪。

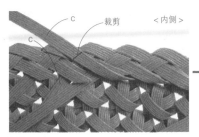

27 把c编绳斜着往上折叠，沿着左边相邻的2根c裁剪。编绳端头涂上黏合剂，插到c（♡）的内侧，粘贴并固定。

隐藏步骤**26**裁剪后的b编绳端头。

28 用4根⑨提手绳进行圆辫编织，从编绳端头15cm处开始，编织大约25cm长。再编织另一根提手。
> 参照下方圆辫编织

29 把2根提手的端头分别从外侧穿到内侧。

30 把穿到内侧的2根绳端从外侧拉出。

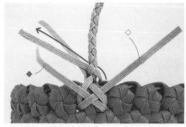

31 把外侧的2根绳端交叉之后，其中一根穿入环中。

32 把内侧的一根绳端穿入圆辫的编目。
※ 不容易穿过时，建议用锥子钻出空隙再穿入

33 把内侧的另一根绳端拉到外侧，穿入圆辫的编目。

34 把外侧右边的绳端（◇）穿入内侧的2根编绳。

35 把外侧左边的绳端（◆）穿入圆辫内侧的编目。

36 把内侧、外侧的绳端在提手底部裁剪并粘贴固定。

37 另一端也如此。另一根提手也如此。

圆辫编织

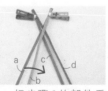

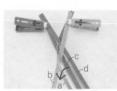

1 取2根提手绳，左边编绳在上，一端交叉呈V形，固定。取另外2根编绳同样操作。

2 把步骤**1**的部件重叠固定到一起。把a绕到b和c之间。

3 把c绕到b和a之间。

蔓蔷薇两用包 彩图：**p.14**

■材料

纸藤
（黑色）30m/卷…1卷、
5m/卷…2卷

■完成尺寸

约长19cm（开口处16.5cm）、
宽7cm、高22.5cm（不含提手）

■需要准备的纸藤的股数和根数

① a　4股宽 长270cm 1根
② a　4股宽 长264cm 2根
③ a　4股宽 长258cm 2根
④ b、c　4股宽 长234cm 各7根
⑤ b、c　4股宽 长228cm 各2根
⑥ b、c　4股宽 长222cm 各2根
⑦ b插入绳　4股宽 长108cm 6根
⑧ a　4股宽 长190cm 16根
⑨提手绳　3股宽 长230cm 4根
⑩缠绕绳　1股宽 长50cm 1根

■平面裁剪图　多余的部分 = ▨

参照平面裁剪图，裁剪、分割指定长度的纸藤。 >参照p.31裁剪、分割纸藤

（黑色）30m/卷

			⑦b4股宽、长108cm×3根
①a4股宽、长270cm×1根	③a4股宽、长258cm×2根	⑤b	
②a4股宽、长264cm×2根	③a	⑤c4股宽、长228cm×2根	⑦b
②a	⑤b4股宽、长228cm×2根	⑤c	⑦b

12股宽　864cm

⑧a 4股宽、长190cm×15根	⑧a	⑧a	⑧a	⑧a
⑧a	⑧a	⑧a	⑧a	⑧a
⑧a	⑧a	⑧a	⑧a	⑧a

12股宽　950cm

④b4股宽、长234cm×7根	④b	④b	④c	④c
④b	④b	④c4股宽、长234cm×7根	④c	④c
④b	④b	④c	④c	⑥b4股宽、长222cm×1根

12股宽　1170cm

（黑色）5m/卷×2卷

⑥b4股宽、长222cm×1根	⑨3股宽、长230cm×4根		⑧a4股宽、长190cm×1根
⑥c4股宽、长222cm×2根	⑨	⑦b	⑦b
⑥c	⑨		

12股宽　452cm　216cm

⑦b4股宽、长108cm×3根　⑩1股宽、长50cm×1根

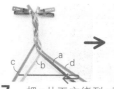

4 把d从下方绕到b和c之间，再绕到c和a之间。

5 把b从下方绕到d和a之间，再绕到c和d之间。

6 把a从下方绕到c和b之间，再绕到b和d之间。

7 把c从下方绕到a和d之间，再绕到b和a之间。拉紧编目，重复步骤**4~7**，编织所需的长度。

◇编织底部和主体

16行

1 参照p.80~83的步骤**1~27**制作。用⑧a编织16行主体。

◇安装提手

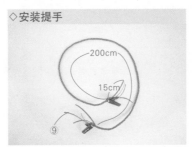

200cm

15cm

⑨

2 用4根⑨提手绳进行圆辫编织，从编绳端头15cm处开始，编织大约200cm长。
　>参照p.84圆辫编织

提手绳

3个花结　中心处

3 把提手的端头分别从外侧穿到内侧。

<内侧>

2cm

4 绳端留出2cm之后，裁掉。

对齐粘贴

5 把4根绳端分别对齐粘贴。

斜着裁剪

6 对齐粘贴绳端时，注意粗细一致。建议斜着裁剪，对齐裁剪面粘贴。

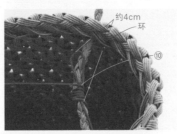

约4cm
环
⑩

7 把⑩缠绕绳缠绕到步骤**6**中对齐粘贴的部分上，遮盖接缝处，并且做一个环。从下方开始紧紧缠绕，注意各圈不要重叠。
　※参照p.102步骤**8**

约2.5cm

8 缠绕约2.5cm之后，把绳端穿入环中。

9 环处涂上黏合剂，拉紧缠绕绳。⑩缠绕绳的下方也涂上黏合剂，拉紧缠绕绳。然后裁掉多余的部分。

10 把侧面开口处折成V形。

打一次结

11 可通过在内侧打结来调整提手的长度。

双花刺绣提篮 彩图：**p.23**

■**材料**

纸藤
（米色）30m/卷…1卷
（珍珠白色）30m/卷…1卷

■**完成尺寸**

约长22.5cm、宽19cm、
高18.5cm（不含提手）

■**需要准备的纸藤的股数和根数** ※ 指定以外的颜色为米色

① 横绳　6股宽 长70cm 9根
② 横绳　8股宽 长18cm 8根
③ 竖绳　6股宽 长66cm 11根
④ 收尾绳　6股宽 长14.5cm 2根
⑤ 编绳　2股宽 长370cm 2根
⑥ 插入绳　6股宽 长26cm 8根
⑦ 编绳　3股宽 长260cm 2根
⑧ 编绳　6股宽 长560cm 2根
⑨ 编绳　2股宽 长580cm 2根
⑩ 编绳　3股宽 长460cm 2根
⑪ 编绳　2股宽 长100cm 6根
⑫ 提手内层用绳　8股宽 长70cm 1根
⑬ 提手收尾绳　8股宽 长28cm 1根

⑭ 提手外层用绳　8股宽 长71cm 1根
⑮ 提手加固绳　8股宽 长35cm 1根
⑯ 边缘内用绳　8股宽 长90cm 1根
⑰ 提手装饰绳　6股宽 长36cm 1根
⑱ 提手缠绕绳　2股宽 长670cm 1根
　（珍珠白色＝★）
⑲ 刺绣绳　2股宽 长50cm 1根★
⑳ 刺绣绳　2股宽 长30cm 1根★
㉑ 刺绣绳　2股宽 长15cm 1根★
㉒ 刺绣绳　1股宽 长60cm 2根★
㉓ 刺绣绳　1股宽 长30cm 4根★
㉔ 刺绣绳　1股宽 长15cm 2根★

■**平面裁剪图** 多余的部分＝ ▨

参照平面裁剪图，裁剪、分割指定长度的纸藤。在①～③、⑰～㉑的中心处做标记。
> 参照p.31裁剪、分割纸藤

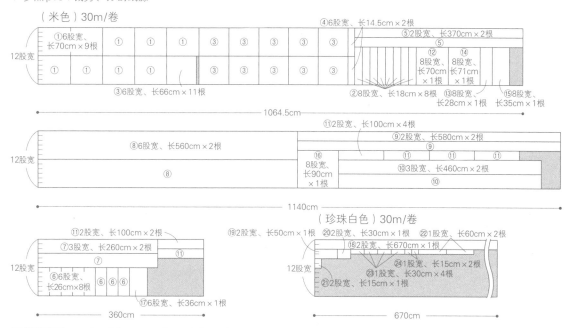

■**制作方法** ※ 为了清晰可见，纸藤的颜色有所改变

◇**编织底部**

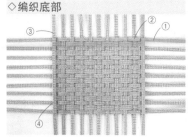

1 使用①～④编绳编织方形底部。
> 参照p.44方形底部

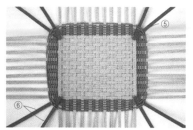

2 使用2根⑤编绳，进行3圈（6行）直编。在4个转角分别均匀地粘贴上2根⑥插入绳。使用休编的⑤编绳进行2圈（4行）直编。
> 参照p.39直编法、p.45椭圆形底部

◇**编织主体**

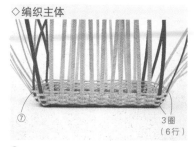

3 把四周的竖绳弧形竖起，使用2根⑦编绳进行3圈（6行）直编，编织成外扩的形状。
> 参照p.46竖起编绳、p.32外扩的形状

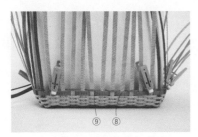

4 分别用1根⑧编绳和⑨编绳进行1行棱纹编织。

> 参照p.35棱纹编法

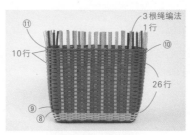

5 用⑧编绳和⑨编绳共计进行26行棱纹编织，中途可增加新编绳。用2根⑩编绳进行5圈（10行）直编，用3根⑪编绳进行1行3根绳编织。

> 参照p.363根绳编法

6 使用3根⑪编绳进行箭羽编织。

> 参照p.37箭羽编法

◇处理边缘、安装提手

7 提手安装处的竖绳暂不处理，其他竖绳均往内侧折叠。

8 把折叠后的竖绳端头插入最上面的直编编目里。

9 沿着步骤7保留的竖绳，把⑫提手内层用绳的端头一直插到提篮底部。在超出边缘的竖绳上涂黏合剂，粘贴固定。

> 参照p.31编绳的插入方法

10 把⑬提手收尾绳与竖绳对接，粘贴固定，然后裁掉多余的部分。

11 在步骤10提手的上方，把⑭提手外层用绳的端头一直插到提篮底部。然后裁掉多余的部分。

12 在步骤11提手的上方，粘贴固定⑮提手加固绳，其端头一直插到提篮底部。把⑯边缘内用绳沿着边缘内侧粘贴固定，端头重叠且对齐粘贴。

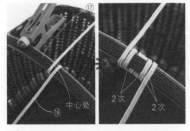

13 把⑰提手装饰绳的中心处与提手中心处对齐。把⑱提手缠绕绳缠绕到中心处，从⑰提手装饰绳下方缠绕2次，然后再整体缠绕2次。

14 重复步骤13，然后不编织花样，只缠绕到离提篮边缘2.5cm处即可。提手的另一半也用此方法缠绕。

15 图中所示为缠绕结束的编绳，从边缘内侧向下数第6行直编编目下方插入，然后从外侧拉出。

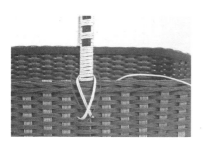

16 如图所示缠绕提手1次，然后插入内侧。

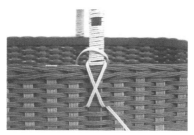

17 如图所示再缠绕提手1次，从内侧插入，然后从外侧拉出。

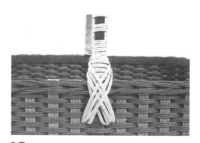

18 重复步骤**16**、**17**，共计5次。

19 最后在提手内侧裁掉多余的部分，粘贴固定。另一端也如此。

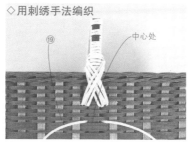

◇用刺绣手法编织

20 如图所示将⑲刺绣绳从提篮主体前面中心处竖绳的两侧、棱纹编织结束行的上方穿过，中心处对齐。

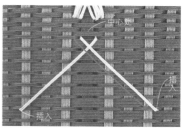

21 如图所示把⑲刺绣绳交叉，插入棱纹编织从上往下数第13行里。

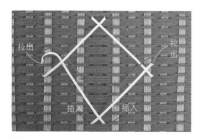

22 然后从插入点往上数第3行上方拉出。在棱纹编织的编织开始处往上数第3行的中心处，交叉之后插入内侧。

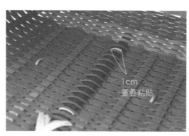

23 处理编绳端头。在内侧将端头重叠1cm之后，裁掉多余的部分，对齐粘贴。

24 参照步骤**20~23**，用1根⑳刺绣绳在步骤**23**花样的内侧用刺绣手法编织，然后处理端头。

25 把1根㉑刺绣绳穿过提篮主体前面，中心处对齐。交叉之后插入内侧，按照步骤**23**的方法处理编绳端头。

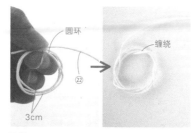

26 制作小花。如图所示用㉒刺绣绳制作3个直径3cm的圆环。长的一端缠绕圆环4次。

27 把编绳端头插入⑧编绳下方。

28 把编绳端头穿过圆环的内侧，从2行棱纹编织的上方拉出，然后插入2行棱纹编织的上方。

29 继续用编绳端头缠绕圆环，固定圆环，插入、拉出。

30 编绳端头留出1cm，裁剪并粘贴固定。小花制作完成。

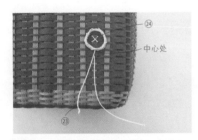

31 用1根㉔刺绣绳，按照步骤**25**的方法在小花的内部交叉，处理编绳端头。把1根㉓刺绣绳穿到提篮主体上，在中心处折叠，夹住小花下方的1根⑧编绳。

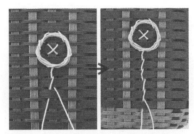

32 把㉓刺绣绳交叉，夹住⑧编绳，插入、拉出。

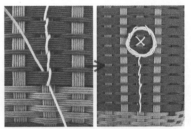

33 前面的编绳夹住⑧编绳之后，往上折叠。把㉓刺绣绳的两端隐藏到⑧编绳的背面，裁剪，涂上黏合剂，粘贴固定。

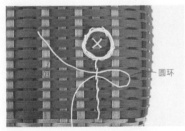

34 如图所示把1根新的㉓刺绣绳穿到茎上，制作圆环。

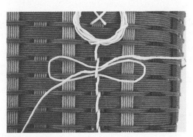

35 如图所示制作8字形环。

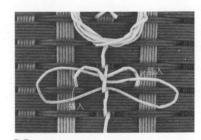

36 编绳端头插入内侧。

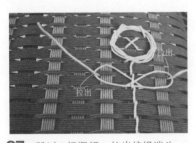

37 跳过1根竖绳，拉出编绳端头。

38 如图所示再次插入内侧。右侧也如此。

39 编绳端头留出1cm，裁剪，粘贴到内侧。另一棵小花参照步骤**26~39**，用刺绣手法编织。

水芭蕉提篮 彩图：**p.24**

■材料

纸藤
（乌贼墨色）30m/卷…1卷

■完成尺寸

约长23cm（开口处）、宽17cm、
高27cm

■需要准备的纸藤的股数和根数

①竖绳　6股宽　长80cm 8根
②编绳　2股宽　长230cm 2根
③插入绳　6股宽　长38cm 16根
④编绳　2股宽　长450cm 2根
⑤编绳　3股宽　长500cm 4根
⑥编绳　3股宽　长500cm 2根
⑦提手内层用绳　12股宽　长21cm
　1根

⑧提手下方处理用绳　12股宽　长3cm
　1根
⑨提手上方处理用绳　12股宽　长5cm
　1根
⑩提手外层用绳　12股宽　长64cm
　1根
⑪提手装饰绳　6股宽　长12cm 1根
⑫边缘装饰绳　3股宽　长100cm 2根

■平面裁剪图　多余的部分＝▨

参照平面裁剪图，裁剪、分割指定长度的纸藤。在①、⑫的中心处做标记。> 参照p.31裁剪、分割纸藤

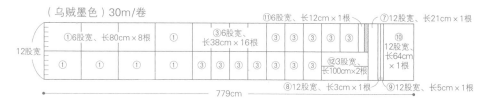

■制作方法　※ 为了清晰可见，纸藤的颜色有所改变

◇编织底部

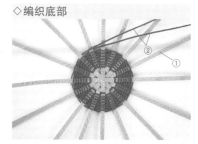

1 将8根①竖绳如图摆放，使用2
根②编绳进行7圈（14行）直编。
> 参照p.45圆形底部、p.39直
编法

2 粘贴16根③插入绳，用休编的
②编绳扭编1行，然后裁掉多余
的部分，粘贴好。
> 参照p.34扭编法

3 把四周的编绳一根一根地弧形竖
起。
> 参照p.46竖起编绳

◇编织主体

9圈
（18行）

④

4 使用2根④编绳进行9圈（18行）直编，编织时，注意使其往外扩，呈圆弧形。

要点！

注意编织开始位置

从侧面开始编织，成品会比较美观。把④编绳编织开始处的端头粘贴到图示位置。

第2行
第1行
步骤6在此引返

呈圆弧形

把手放到里面，使竖绳呈弧形，然后进行直编，这样一来，提篮主体会往外扩，呈圆弧形。

⑤

15圈
（30行）

9根

5 用2根⑤编绳进行15圈（30行）直编，中途可增加新编绳。

> 参照p.31编绳的连接方法

大约13cm

前后面的9根竖绳暂不处理，把侧面的竖绳稍微往内侧收拢的同时，用1根⑥编绳进行15行引返编织。

> 参照p.39引返编织法

6

大约11cm

⑥

15行

编织开始位置参照步骤4。编织时建议参照彩图，使其整体呈圆弧形。

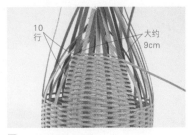

10行

大约9cm

7 继续编织10行。

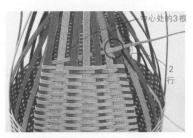

中心处的3根

2行

8 跳过侧面中心处的3根竖绳，编织2行。在第2行的右端，把2根竖绳一起编织。

大约6cm

9行

9 把两端2根竖绳、侧面中心处的3根竖绳，分别如图所示编织到一起，共计编织9行。编绳暂不处理。相反一侧也按照步骤6~9的方法编织。

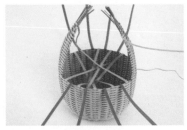

10 用竖绳包裹着边缘，往内外两侧依次交替折叠。

裁剪

11 在2股宽编绳和3股宽编绳交界处裁剪。

12 插进从边缘往下数第3行的编目里。往内侧折叠的编绳也如此。

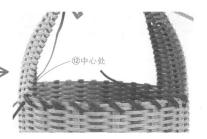

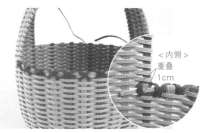

13 把⑫边缘装饰绳两端对齐，穿过第1、2行的编目，在边缘处做装饰。

把其中一端在竖绳之间斜着插入、拉出。

※另一端暂不处理

14 如图所示把步骤**13**留出的编绳交叉穿插。在内侧两端重叠1cm之后，对齐粘贴。相反一侧也按照步骤**13**、**14**的方法编织。

◇安装提手

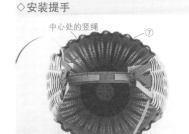

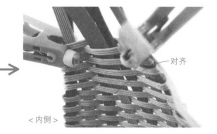

15 把⑦提手内层用绳从侧面中心处的竖绳下方插入。

端头和从上往下数第10行编绳的下端对齐。

16 把侧面中心处竖绳的左右竖绳对齐中心处斜着裁剪。接下来左右竖绳沿着中心处的竖绳斜着裁剪。把中心处的竖绳粘贴到⑦提手内层用绳上。

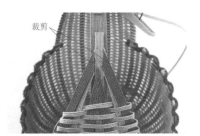

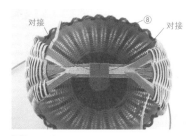

17 把步骤**16**剩余的左右竖绳沿着中心处的竖绳斜着裁剪，然后粘贴到步骤**16**的竖绳上。

18 用⑧提手下方处理用绳对接侧面中心处的竖绳，粘贴固定。裁掉多余的部分。

19 把⑨提手上方处理用绳粘贴到提手中心处。

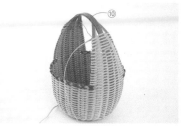

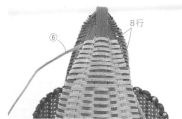

20 提手中心部分涂上黏合剂，把⑩提手外层用绳粘贴上去，其端头一直穿到底部，并在底部裁掉多余的部分。

另一端也如此。

21 用步骤**9**休编的⑥编绳进行8行引返编织。编绳暂不处理。相反一侧也如此。

22 在⑪提手装饰绳的端头上涂黏合剂，插入最上面的编目。

23 用步骤**21**休编的⑥编绳整体缠绕提手5次。

24 然后从⑪提手装饰绳下方穿过，缠绕1次，再整体缠绕提手1次。一直缠绕到相反一侧距离底端3cm处。编绳暂不处理。

25 ⑪提手装饰绳的另一端也插入最上面的编目，用步骤**21**休编的⑥编绳整体缠绕提手5次。

26 用步骤**24**休编的编绳缠绕，填补空隙。编绳两端在⑪提手装饰绳处对接，斜着裁剪。

27 在步骤**26**编绳端头上涂黏合剂，插到⑪提手装饰绳的下方。

花菱草提篮 彩图：p.26

■材料

纸藤
（米色）30m/卷…1卷
（李子色）5m/卷…1卷

■完成尺寸

约底部长18.5cm、宽18.5cm、高20.5cm（不含提手）

■需要准备的纸藤的股数和根数　※指定以外的颜色为米色

①横绳　6股宽　长74cm 9根
②横绳　8股宽　长14cm 8根
③竖绳　6股宽　长74cm 9根
④收尾绳　6股宽　长14.5cm 2根
⑤编绳　2股宽　长350cm 2根
⑥插入绳　6股宽　长30cm 8根
⑦编绳　3股宽　长560cm 8根
⑧编绳　2股宽　长370cm 3根
⑨刺绣绳　2股宽　长170cm 2根（李子色）
⑩刺绣绳　1股宽　长220cm 4根（李子色）
⑪边缘内用绳　8股宽　长86cm 1根
⑫提手内层用绳　8股宽　长60cm 2根
⑬提手外层用绳　8股宽　长61cm 2根
⑭缠绕绳　2股宽　长320cm 2根

■平面裁剪图　多余的部分 = ▨

参照平面裁剪图，裁剪、分割指定长度的纸藤。在①~③、⑨、⑩、⑭的中心处做标记。>参照p.31裁剪、分割纸藤

（米色）30m/卷

④6股宽、长14.5cm×2根　　⑥6股宽、长30cm×8根

12股宽	①6股宽、长74cm×9根	①	①	③	③	③	③	⑥	⑥	⑥
	①	①	①	①	③	③	③	③	⑥	⑥	⑥

③6股宽、长74cm×9根　　④

800.5cm

12股宽	⑦3股宽、长560cm×8根	⑦
	⑦	⑦
	⑦	⑦
	⑦	⑦

1120cm

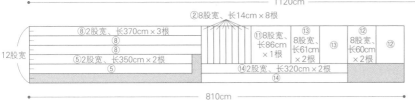

②8股宽、长14cm×8根

12股宽	⑧2股宽、长370cm×3根		⑪8股宽、长86cm×1根	⑬8股宽、长61cm×2根	⑬	⑫8股宽、长60cm×2根	⑫
	⑧						
	⑧						
	⑤2股宽、长350cm×2根		⑭2股宽、长320cm×2根				
	⑤		⑭				

810cm

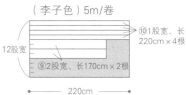

（李子色）5m/卷

12股宽		⑩1股宽、长220cm×4根
	⑨2股宽、长170cm×2根	

220cm

■**制作方法** ※ 为了清晰可见，纸藤的颜色有所改变

◇**编织底部**

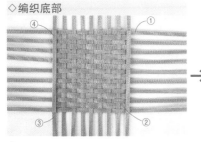

1 使用①~④编绳编织方形底部。使用2根⑤编绳进行3圈（6行）直编。在4个转角分别均匀地粘贴上2根⑥插入绳。使用休编的⑤编绳进行2圈（4行）直编。

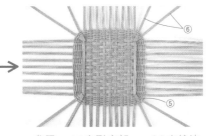

> 参照p.44方形底部、p.39直编法、p.45椭圆形底部

◇**编织主体**

28圈（56行）

2 把四周的竖绳弧形竖起，使用2根⑦编绳进行28圈（56行）直编，中途可增加新编绳，编织时注意外扩。

> 参照p.46竖起编绳、p.32外扩的形状

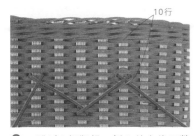

4行
<内侧>

3 使用3根⑧编绳进行4行3根绳编。所有竖绳均往内侧折叠，夹住最上面的编目，然后插入下方的编目。

> 参照p.36 3根绳编法

◇**用刺绣手法编织**

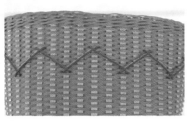

中心处
10行

4 把1根⑨刺绣绳两端对齐，穿过提篮主体前面中心处竖绳的两侧、从上往下数直编第10行（参照步骤**5**）。

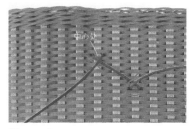

中心处

5 把⑨刺绣绳交叉，跳过1根竖绳，插入从上往下数直编第20行的下方，拉出并交叉。

※编织开始处的端头暂不处理

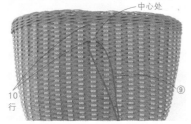

10行

6 跳过1根竖绳，插入从上往下数直编第10行，拉出并交叉。

※如图所示进行交叉

7 重复步骤**5**、**6**，编织提篮右边半圈。用步骤**5**休编的编绳，按照上述方法编织提篮左边半圈。

※如图所示交叉时编绳上下要对齐

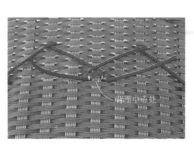

背面中心处

8 处理编绳端头。在提篮背面中心处使端头交叉，涂上黏合剂，粘贴固定。然后裁掉多余的部分，注意从提篮正面看不见编绳端头。

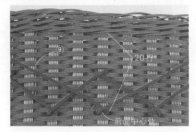

9 把1根⑨刺绣绳和步骤**4**中的编绳相对，穿过从上往下数直编第20行。

10 和步骤**5~7**中的编绳相对，编织提篮左边半圈、右边半圈。参照步骤**8**处理编绳端头。

※编织右边半圈时，从步骤**5~7**中编绳的下方穿过

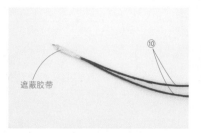

遮蔽胶带

11 如图所示把2根⑩刺绣绳放到一起，顶端用遮蔽胶带粘贴固定，便于穿绳。

※也可把2根编绳穿在织毛衣用的针上，再进行步骤**12**及之后的编织

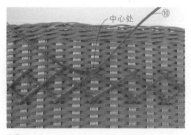

中心处 ⑩

12 如图所示把编绳两端对齐，挂到提篮主体前面中心处的⑨刺绣绳上。

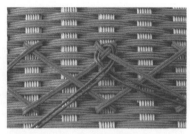

13 如图所示将⑩刺绣绳交叉。

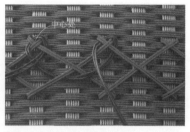

中心处

14 挂到⑨刺绣绳上的同时，往右编织半圈。

※编织开始处的端头暂不处理

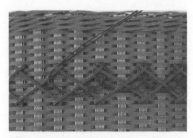

15 用步骤**14**休编的编绳，按照上述方法编织提篮左边半圈。

裁剪

裁剪

16 在背面中心处处理编绳端头。把编绳两端重叠1cm之后，裁掉多余的部分，涂上黏合剂，粘贴固定。

17 把2根⑩刺绣绳，和步骤**11~16**中的编绳相对，编织提篮左边半圈、右边半圈。然后处理编绳端头。

⑪

18 把⑪边缘内用绳粘贴固定到边缘内侧。结束处与开始处重叠粘贴。

⑫ 中心处 ⑭

⑬

19 把1根⑫提手内层用绳和1根⑬提手外层用绳穿过提篮主体（从上往下数第2行），粘贴固定。把1根⑭缠绕绳缠绕到提手上。另一根提手也如此。

> 参照p.48提手B

瑞香花提篮 彩图：p.9

■材料

纸藤
（靛蓝色）30m/卷…1卷
（白色）30m/卷…1卷

■完成尺寸

约长28.5cm、宽8.5cm、
高29.5cm（不含提手）

■需要准备的纸藤的股数和根数　※指定以外的颜色为靛蓝色

①横绳　6股宽　长96cm 11根
②竖绳　6股宽　长76cm 39根
③编绳　6股宽　长76cm 39根（白色）
④边缘外用绳　12股宽　长78cm 1根
⑤边缘处理绳　2股宽　长76cm 1根
⑥边缘内用绳　12股宽　长76cm 1根
⑦圆环编绳　2股宽　长10cm 4根
⑧圆环缠绕绳　1股宽　长50cm 4根
⑨提手内层用绳　8股宽　长94cm 2根
⑩提手外层用绳　8股宽　长95cm 2根
⑪缠绕绳　2股宽　长510cm 2根

■平面裁剪图　　多余的部分＝▨

参照平面裁剪图，裁剪、分割指定长度的纸藤。在①、②、⑪的中心处做标记。＞参照p.31裁剪、分割纸藤

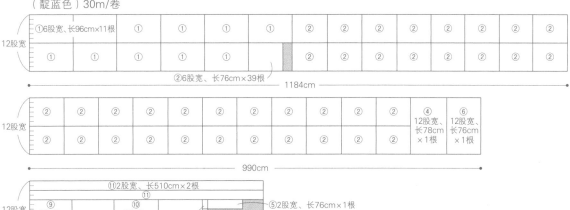

（靛蓝色）30m/卷
①6股宽、长96cm×11根
12股宽
②6股宽、长76cm×39根
1184cm

12股宽
④12股宽、长78cm×1根
⑥12股宽、长76cm×1根
990cm

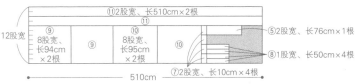

⑪2股宽、长510cm×2根
12股宽
⑨8股宽、长94cm×2根
⑩8股宽、长95cm×2根
⑤2股宽、长76cm×1根
⑧1股宽、长50cm×4根
⑦2股宽、长10cm×4根
510cm

（白色）30m/卷

12股宽
③6股宽、长76cm×39根
1520cm

■制作方法　※为了清晰可见，纸藤的颜色有所改变

◇编织底部

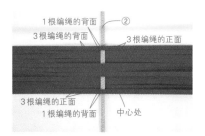

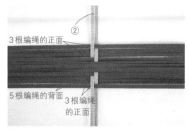

1 如图所示把11根①横绳的中心处对齐，无空隙摆放。
※参照p.42步骤**1**，编绳的一端用防护胶带粘贴固定
※之后均参照编织图进行编织

2 参照p.99的编织图，如图所示把②竖绳按照1根背面、3根正面、3根背面、3根正面、1根背面的顺序依次从下到上穿过。
※②竖绳的中心处和步骤**1**中编绳的上下中心处对齐

3 如图所示在步骤**2**中竖绳的左侧把②竖绳按照3根正面、5根背面、3根正面的顺序依次穿过。

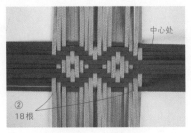

4 参照编织图，在步骤 **3** 中竖绳的左侧穿过 18 根②竖绳。

5 在步骤 **2** 中竖绳的右侧穿过 19 根②竖绳。

底部整体用喷雾器喷点水，缩紧编目。对齐粘贴 4 个转角。

6 翻过来，把四周的编绳直立竖起。
　＞参照 p.46 竖起编绳

◇编织主体

7 参照编织图，如图所示用 1 根③编绳编织一行，两端在内侧重叠粘贴。

要点！

注意转角处编绳不要有折痕，紧紧地编织，不要留空隙。

8 然后按照步骤 **7** 的方法，用 38 根③编绳编织 38 行。建议每编织几行，就查看一下编织之间的距离是否均匀，收紧编目。
　＞参照 p.32 收紧编目

◇处理边缘、安装提手

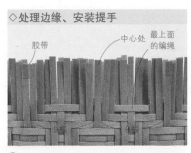

9 如图所示把胶带粘贴到安装提手的竖绳（参照编织图）上。除此之外的竖绳涂上黏合剂，粘贴到最上面的编绳上。相反一侧也如此。

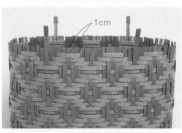

10 除粘贴胶带的竖绳以外，其余竖绳超出最上面的编绳保留 1cm，裁掉多余的部分。

11 用⑦圆环编织绳和⑧圆环缠绕绳制作 4 个圆环。
　＞参照 p.48 圆环

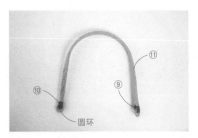

12 用 1 根⑨提手内层用绳、1 根⑩提手外层用绳、1 根⑪缠绕绳和 2 个圆环制作提手。按照上述方法再制作 1 根提手。
　＞参照 p.47 提手 A

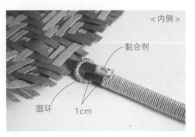

13 把圆环穿到步骤 **10** 中未裁剪的竖绳上，端头 1cm 处涂上黏合剂。

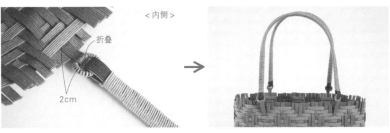

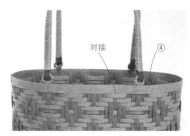

14 如图所示在距离最上面的编绳 2cm 处折叠，粘贴。相反一侧也如此。另一根提手也如此。

15 在保留的 1cm 竖绳的外侧涂上黏合剂，把④边缘外用绳和最上面的编绳对接，粘贴一圈。粘贴结束处和粘贴开始处重叠。

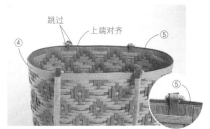

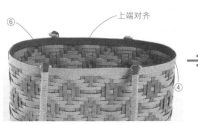

16 把⑤边缘处理绳和④边缘外用绳的上端对齐，裁掉位于提手处的部分，跳过提手处，粘贴一圈。粘贴结束处和粘贴开始处对接。

17 把⑥边缘内用绳和④边缘外用绳的上端对齐，粘贴一圈。粘贴结束处和粘贴开始处重叠。

■编织图

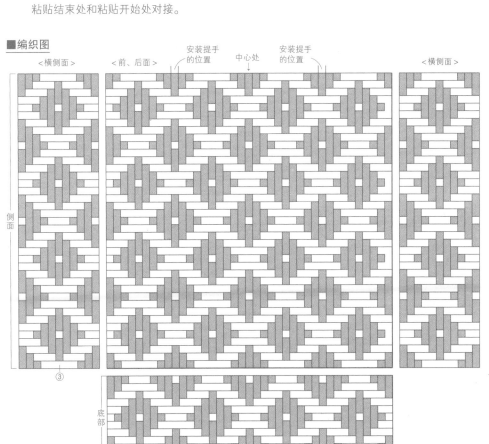

a

b

■**材料**

纸藤
a（灰色、淡粉色）30m/卷…各1卷
b（红色B、深红色）30m/卷…各1卷

■**完成尺寸**

约长25cm、宽6.5cm、高25cm
（不含提手）

■需要准备的纸藤的股数和根数　※指定以外的颜色a为灰色、b为红色B

①横绳　12股宽　长90cm　1根
②横绳　6股宽　长90cm　4根
③横绳　3股宽　长90cm　6根
④竖绳　12股宽　长76cm　4根
⑤竖绳　6股宽　长76cm　16根
⑥竖绳　3股宽　长76cm　19根
⑦编绳　3股宽　长65cm　19根（a淡粉色、b深红色）
⑧编绳　6股宽　长65cm　16根（a淡粉色、b深红色）

⑨编绳　12股宽　长65cm　4根（a淡粉色、b深红色）
⑩边缘外用绳　12股宽　长67cm　1根
⑪边缘处理绳　2股宽　长65cm　1根
⑫边缘内用绳　12股宽　长65cm　1根
⑬圆环编绳　2股宽　长10cm　4根
⑭圆环缠绕绳　1股宽　长50cm　4根
⑮提手内层用绳　8股宽　长70cm　2根
⑯提手外层用绳　8股宽　长71cm　2根
⑰提手缠绕绳　2股宽　长380cm　2根

■**平面裁剪图**　多余的部分 =

参照平面裁剪图，裁剪、分割指定长度的纸藤。在①～⑥、⑰的中心处做标记。> 参照p.31裁剪、分割纸藤

（a灰色、b红色B）30m/卷

| 12股宽 | ① 12股宽、长90cm×1根 | ④ 12股宽、长76cm×4根 | ④ | ④ | ④ | ②6股宽、长90cm×4根 | ② | ⑤6股宽、长76cm×16根 | ⑤ | ⑤ | ⑤ | ⑤ | ⑤ | ⑤ | ⑤ |
| | | | | | | ② | ② | ⑤ | ⑤ | ⑤ | ⑤ | ⑤ | ⑤ | ⑤ | ⑤ |

1182cm

（a淡粉色、b深红色）30m/卷 部分：

| 12股宽 | ⑩ 12股宽、长67cm×1根 | ⑫ 12股宽、长65cm×1根 | ③3股宽、长90cm×6根 ③ ③ ③ | ⑥ ⑥ ⑥ ⑥ | ⑥ ⑥ ⑥ ⑥ | ⑥ ⑥ ⑥ | ⑥ ⑥ ⑥ | ⑥ ⑥ ⑥ | ⑰2股宽、长380cm×2根 ⑰ | ⑮8股宽、长70cm×2根 ⑮ | ⑯8股宽、长71cm×2根 ⑯ | ⑭1股宽、长50cm×4根 |

⑥3股宽、长76cm×19根　　1072cm　　⑬2股宽、长10cm×4根　⑪2股宽、长65cm×1根

（a淡粉色、b深红色）30m/卷

| 12股宽 | ⑨ 12股宽、长65cm×4根 | ⑨ | ⑨ | ⑧6股宽、长65cm×16根 ⑧ ⑧ ⑧ ⑧ ⑧ ⑧ | ⑧ ⑧ ⑧ ⑧ ⑧ ⑧ | ⑦3股宽、长65cm×19根 ⑦ ⑦ ⑦ ⑦ ⑦ ⑦ | ⑦ ⑦ ⑦ ⑦ ⑦ ⑦ |

1105cm

■**制作方法**　※ 为了清晰可见，纸藤的颜色有所改变

◇**编织底部**

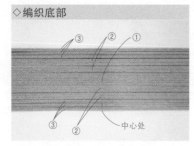

1　参照p.101编织图，如图所示把11根①、②、③横绳的中心处对齐，无空隙摆放。

※参照p.42步骤**1**，编绳的一端用防护胶带粘贴固定

※之后均参照编织图进行编织

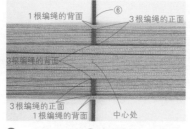

2　如图所示把⑥竖绳按照1根背面、3根正面、3根背面、3根正面、1根背面的顺序从下到上依次穿过。此时，⑥竖绳的中心处和步骤**1**中编绳的上下中心处对齐。

※之后，④、⑤、⑥竖绳的中心处和步骤**1**中编绳的上下中心处对齐

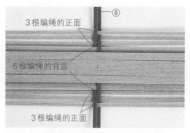

3　如图所示在步骤**2**中竖绳的左侧把⑥竖绳按照3根正面、5根背面、3根正面的顺序依次穿过。

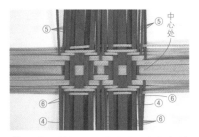

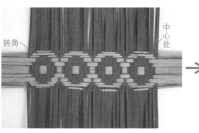

4 参照编织图，在步骤**3**中竖绳的左侧穿过8根⑥竖绳、8根⑤竖绳、2根④竖绳。

5 参照编织图，在步骤**2**中竖绳的右侧穿过9根⑥竖绳、8根⑤竖绳、2根④竖绳。

底部整体用喷雾器喷点水，缩紧编目。对齐粘贴4个转角。

◇编织主体

6 翻过来，把四周的编绳直立竖起。
> 参照p.46竖起编绳

7 参照编织图，如图所示用1根⑦编绳编织一行，两端在内侧重叠粘贴。
※参照p.98步骤**7**

8 然后按照步骤**7**的方法，参照编织图，用38根⑦、⑧、⑨编绳，编织38行。参照p.98、99步骤**9~17**处理边缘，安装提手。
※安装提手的位置各保留3根竖绳

■编织图

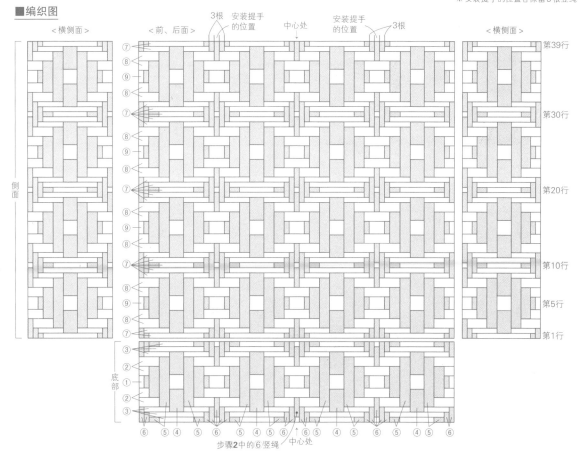

草莓花饰品　彩图：p.28

■材料（1朵花的用量）

纸藤
（a茶绿色、b灰色）…
35cm
（a灰色、b藏蓝色）…
10cm

■需要准备的纸藤的股数和根数

※指定以外的颜色a为茶绿色、b
为灰色

①茎　2股宽 长15cm 2根
②雌蕊　8股宽 长1cm 2根
③雄蕊　1股宽 长30cm 1根
④花瓣　12股宽 长2cm 5根
　　（a灰色、b藏蓝色）
⑤花萼　1股宽 长35cm 1根

■平面裁剪图　多余的部分 = ▨

参照平面裁剪图，裁剪、分割指定长度的
纸藤。>参照p.31裁剪、分割纸藤
（a茶绿色、b灰色）35cm　（a灰色、b藏蓝色）
10cm

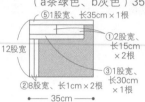
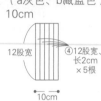

■完成尺寸

花的直径2.5~3cm

■制作方法

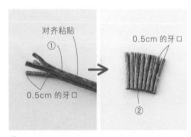

1 如图所示把2根①茎顶端留出1cm之后，对齐粘贴。然后顶端分别剪出0.5cm的牙口。把2根②雌蕊分别在顶端每股之间剪出0.5cm的牙口。

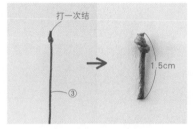

2 如图所示在③雄蕊的顶端打一次结，裁剪成1.5cm的长度。重复此步骤，共计制作8个这样的部件。

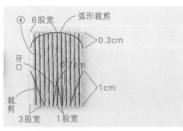

3 裁剪④花瓣，剪出倒V形牙口。

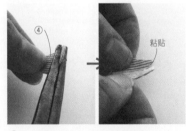

4 用镊子夹住④花瓣没有剪牙口的一侧，做成弧形。剪牙口的一侧端头对齐粘贴。重复步骤3、4，共计制作5个这样的部件。

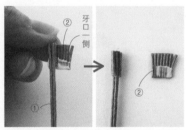

5 在步骤1②雌蕊的下端涂上黏合剂，绕茎粘贴一圈。另一个②雌蕊也重叠粘贴。

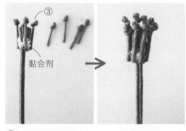

6 在步骤5完成部分的下部涂上黏合剂，把步骤2的4个③雄蕊部件均匀地粘贴上。然后把剩余的4个③雄蕊部件粘贴到其间隙处。

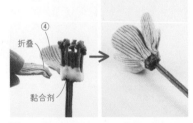

7 用镊子夹住步骤4④花瓣对齐粘贴一侧的端头（参照p.103步骤4），朝下折叠。在步骤6完成部分的下部涂上黏合剂，把5个④花瓣部件粘贴上。

8 在步骤7完成部分的下部涂上黏合剂，折叠⑤花萼的一端，做成环。如图所示把编绳从上往下不重叠地缠绕6次。然后把长的一端插入环并拉紧。

9 在花的底部裁掉两端的端头，粘贴固定。打开花瓣整理其形状。做3个这样的小花，扎成一束。

花毛茛饰品 彩图：**p.28**

■材料

纸藤
(a 白木色)、(b 砖红色)…
102cm

■完成尺寸

花的直径约6cm

■需要准备的纸藤的股数和根数

① 茎　2股宽 长20cm 2根
② 小花瓣　12股宽 长2.5cm 4根
③ 大花瓣　12股宽 长3cm 24根
④ 花萼　8股宽 长2cm 1根
⑤ 花萼　6股宽 长2cm 1根

■平面裁剪图　多余的部分 =

参照平面裁剪图，裁剪、分割指定长度的
纸藤。>参照p.31裁剪、分割纸藤

③12股宽、长3cm×24根　①2股宽、长20cm×2根

12股宽

②12股宽、长2.5cm×4根　④8股宽、长2cm×1根　⑤6股宽、长2cm×1根

102cm

■制作方法　※ 为了清晰可见，纸藤的颜色有所改变

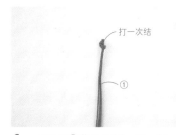

1 把2根①茎重叠到一起，打一次结。②小花瓣参照p.102步骤**3**、**4**，共计制作4个这样的部件。

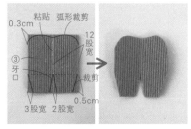

2 把2个③大花瓣对齐粘贴，晾干之后裁剪，剪出倒V形牙口，共计制作12个这样的部件。

3 把步骤**2**的12个③大花瓣，按照p.102步骤**4**进行制作。

4 用镊子夹住步骤**3**完成部分对齐粘贴一侧的端头，向下折叠。4个②小花瓣均按上述方法制作。

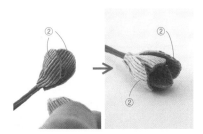

5 在4个②小花瓣的底部涂上黏合剂，相对粘贴到步骤**1**的茎上。

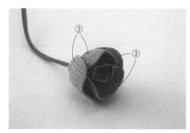

6 在4个③大花瓣的底部涂上黏合剂，相对粘贴到步骤**5**完成部分上。

7 把4个③大花瓣和步骤**6**中的4个错开粘贴。剩余的4个③大花瓣和前面的4个错开粘贴。

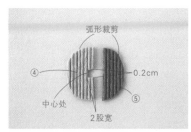

8 如图所示把④花萼、⑤花萼裁剪成半圆形。裁剪④花萼的中心处。

9 在步骤**7**完成部分的背面涂上黏合剂，把④花萼、⑤花萼粘贴上。把茎放在④花萼中心裁剪处。

KAMIBAND DE TSUKURU HANAMOYOU NO KAGO
（NV70627）

Copyright © Akemi Furuki / NIHON VOGUE-SHA 2021
All rights reserved.

Photographers: Miyuki Teraoka

Original Japanese edition published in Japan by NIHON
VOGUE Corp.

Simplified Chinese translation rights arranged with
BEIJING BAOKU INTERNATIONAL

CULTURAL DEVELOPMENT Co., Ltd.

备案号：豫著许可备字–2021–A–0120

古木明美

宝库学院讲师。2000 年开始制作纸藤作品。现在主要从事图书、杂志的创意工作，同时在文化学校、工作室担任讲师。其创作的可爱至极的作品与简单明了的制作方法非常有人气。著有《从零开始玩纸藤　造型优美的藤篮编织教程》《从零开始玩纸藤　环保篮子和包包编织教程》（河南科学技术出版社引进出版）等。

图书在版编目（CIP）数据

花式纸藤提篮编织教程 /（日）古木明美著; 陈亚敏译. —郑州：河南科学技术出版社，2023.6
ISBN 978-7-5725-1172-1

Ⅰ.①花… Ⅱ.①古… ②陈… Ⅲ.①纸工–编织–教材 Ⅳ.①TS935.54

中国国家版本馆CIP数据核字（2023）第067107号

出版发行：河南科学技术出版社
　　　　　地址：郑州市郑东新区祥盛街27号　　邮编：450016
　　　　　电话：(0371) 65737028　65788613
　　　　　网址：www.hnstp.cn

责任编辑：刘　欣　刘淑文

责任校对：王晓红

封面设计：张　伟

责任印制：张艳芳

印　　刷：河南新达彩印有限公司

经　　销：全国新华书店

开　　本：787 mm×1 092 mm　1/16　　印张：6.5　　字数：174千字

版　　次：2023年6月第1版　　2023年6月第1次印刷

定　　价：59.00元

如发现印、装质量问题，影响阅读，请与出版社联系并调换。